늘 푸른 소나무

A Scene of Pine Tree Standing

by Jung, Dongju

Published by Hangilsa Publishing Co., Ltd., Korea, 2014

늘 푸른 소나무

한국인의 심성과 소나무

정동주 지음

한길사

늘 푸른 소나무
한국인의 심성과 소나무

지은이 · 정동주
사 진 · 권태균
펴낸이 · 김언호
펴낸곳 · (주)도서출판 한길사

등록 · 1976년 12월 24일 제74호
주소 · 413-120 경기도 파주시 광인사길 37
　　　www.hangilsa.co.kr
　　　http://hangilsa.tistory.com
　　　E-mail: hangilsa@hangilsa.co.kr
전화 · 031-955-2000~3　팩스 · 031-955-2005

상무이사 · 박관순 | 총괄이사 · 김서영 | 관리이사 · 곽명호
영업이사 · 이경호 | 경영담당이사 · 김관영 | 기획위원 · 류재화
책임편집 · 서상미 김지연 | 편집 · 백은숙 안민재 김지희 이지은 김광연 이주영
마케팅 · 윤민영 | 관리 · 이중환 문주상 김선희 원선아

CTP 출력 및 인쇄 · 예림인쇄 | 제본 · 광성문화사

제1판 제1쇄 2014년 7월 25일

값 20,000원
ISBN 978-89-356-6911-0 03480

이 도서의 국립중앙도서관 출판시도서목록(CIP)은 e-CIP홈페이지(http://www.nl.go.kr/ecip)와
국가자료공동목록시스템(http://www.nl.go.kr/kolisnet)에서 이용하실 수 있습니다.
(CIP제어번호: CIP201422231)

소나무 서 있다

프롤로그

어린이와 젊은이의 생각과 몸짓이 점점 사나워지고 있습니다. 그들을 낳고 길렀으며 가르치는 부모와 교사를 보고 배운 것임을 부정하기 어렵습니다. 부모와 교사들은 어째서 제 자식과 제자에게 그런 존재로밖에 여겨지지 않았을까요? 부모와 교사들도 그렇게 살고 싶지는 않았겠지요.

빠른 것을 다투는 기계와 기술이 마치 신의 전지전능과도 같이 칭송받는 자리에 오르고, 편리함과 이익이 되는 것이 진리를 대신하기 시작한 세상의 변화가 지닌 힘 앞에 무릎 꿇은 우리들은 정녕 어디로 가고 있는 것일까요?

우리는 지금 편안하게 앉거나 행복감을 느끼면서 눕지도 못한 채 마냥 서 있기만 합니다. 뭔가를 기다리면서 서 있는 우리 곁에 아파트와 빌딩들도 따라 서 있습니다. 소나무 베어낸 자리에 들어선 콘크리트 빌딩의 높이가 우리를 내려다보고 있습니다. 몹시 가련하고 어리석어 보이는 듯 교만하게 버티고 섰습니다.

이 시대 아이들이 태어나 보고 듣고 숨 쉬며 살아가는 도시 문명의 속살도 그들을 어질게 살도록 가르치지는 못합니다. 빠르고 이득 되는 쪽으로만 난 좁고 가파른 길을 쉴 줄도 모르고 내닫기만 하는 우리들 앞에 다가오고 있는 것이 어떤 세상일지를 한번쯤 생각해봅니다.

소나무는 그런 우리들을 참 깊게 껴안아줄 것입니다. 세상엔 사람만 있고, 도시만 있고, 빠르고 편리한 것만 있는 곳이 아님을, 힘센 자만 강하고, 강한 자가 존경받는 것이 결코 아님을 보여줄 것입니다. 고향이 아니더라도 이 땅 어느 산하엔들 소나무 서 있지 않은 곳은 없습니다. 그 서 있는 소나무 아래로 가서 앉기도 하고 누워서 눈 감아보십시오.

2014년 7월 25일
동다헌 소나무 아래서
정동주

늘 푸른 소나무
한국인의 심성과 소나무

제1장

한국인은 소나무 사람이다

강남서 나온 제비 솔씨 하나 물어다가
소평 대평에 던졌더니
그 솔이 점점 자라
소부동이 되었구나 대부동이 되었구나

민족의 솔은 소나무 신화에서 자라났다

성주야 성주로다

성주 근본이 어데메냐

경상도 안동땅 제비원이 본이로다

제비원 솔씨 받아

소평小坪 대평大坪에 던졌더니

그 솔씨 점점 자라 소부동小俯棟이 되었구나

소부동이 점점 자라

대부동이 되었구나

대부동이 점점 자라

청장목 되고 황장목 되고

도리 기둥 되었구나

에라 만수 에라 대신이야

대활연으로 서리서리 내리소서

경상도 지방에서 널리 불려온 민요 「성주풀이」다. 사람이 사는 모든 집에는 집을 지키고 돌보는 성주신星主神이 살고 있다는 믿음이 그 집의 권위이자 하늘 같은 긍지로 받아들여졌던 시절이 있었다. 아름답고 행복했던 세월이었다. 큰 집이든 두 칸 오막살이든 성주신이 있었고, 성주신은 모두에게 평등했으며, 큰 집 성주신이 두 칸 오막살이 성주신을 업신여기거나 얕잡아보는 일은 없

안동 제비원 석불.
집 없이 떠도는 인간들을 가엾게 여긴 성주신은 제비원에서
솔씨를 받아 온 산천에 뿌렸고, 솔씨는 소나무로 자라 대들보가 되었다.
제비원의 석불은 성주신의 마음처럼 온화하고 인자한 미소를 띠고 있다.

다고 굳게 믿었다. 사는 집의 크기와 상관없이 사람들도 도타운 이웃이었다. 사람은 누구나 똑같다는 믿음이 지켜내려온 아름다움이었다.

「성주풀이」는 성줏굿을 할 때 부르는 노래다. 가정에서 주관하는 재수굿이나 마을 사람들이 공동으로 행하는 마을굿에서 부르는 굿거리였다. 그 노랫말은 지역 정서에 따라 조금씩 다른 사설이 더해지거나 바뀌기도 하지만 다양한 사설들은 정겹고 그리운 집의 노래였다.

강남서 나온 제비 솔씨 하나 물어다가

소평 대평에 던졌더니

그 솔이 점점 자라

소부동이 되었구나 대부동이 되었구나

금도끼로 베어 넘겨 옥도끼로 다듬어서

삼간 초당집을 지어

그 집 짓고 삼 년 만에 아들을 낳으니 효자로다

딸을 낳으니 열녀로구나

소가 나도 금송아지

말이 나도 용마 나고

개가 나도 양사지 나고

닭이 나도 봉닭이 나고

에라 만수 에라 대신이야

서부 경남 농촌에서 불렀던 또 하나의 「성주풀이」 또는 「태평가」다. 민족의 솔은 소나무 신화에서 자라났다. 이른바 성주신, 성조신成造神 신화다. 이 신은 집을 관장하는 최고의 신으로서 오랜 내력을 지니고 있다. 사람들은 집의 중심인 대들보에 성주신의 몸, 즉 신체神體가 보관되어 있다고 여겼다.

성주신은 원래 천궁에 살다가 죄를 지어 땅으로 정배살이를 왔다. 땅에 내려와 여기저기를 정처 없이 떠돌다가 강남제비를 따라 제비원으로 들어가 숙소를 정했다. 제비원에서 바라본 인간 세상은 너무나 위험하고 불안했다. 나무 위에 살거나 땅을 파고 그 속에서 사는 인간의 모습에 성주신은 마음이 아팠다. 집 없이 사는 인간들에게 집을 지어주고 싶었던 성주신은 하느님께 소원을 빌었다. 크게 감동한 하느님이 응답하시기를, 제비원에서 솔씨를 전해 받으라고 했다.

성주신은 솔씨를 받아 온 산천에 골고루 뿌렸다. 솔이 무럭무럭 자라 집 지을 재목감이 되자 그중에서 자손번창하고 부귀공명을 누리게 해줄 성주목聖主木을 골랐다. 이 성주목은 '산신님이 불 끄러 오시고 용왕님이 물을 주어 키운 나무'이기 때문에 함부로 베지 못하게 했다. 날을 받아 갖은 제물로 산신제를 올린 뒤에 베고 다듬어 집을 지었다.

「성주풀이」는 성주신의 근본과 솔씨의 기원이 경상도 안동 땅 제비원에 있으며 이곳에서 솔씨가 생겨나 전국으로 퍼졌다는 설화를 노래한 것이다. 이 같은 내력의 「성주풀이」는 새집을 짓거나

이사를 하여 성주신을 맞아들이는 성줏굿에서 불리고, 음력 정월에 집안의 안녕과 부귀영화를 기원하는 성주받이를 하면서 부르기도 한다. 집의 대주가 성줏대를 잡게 하여 성주를 내리시게 하는 것이다. 이때 성줏대로 사용하는 것이 소나무인데, 이는 집을 지은 나무의 상징이자 성주의 상징이기도 하다. 즉 주요 건축재가 솔이기 때문에 솔을 신격화하여 모심으로써 집의 안전과 가문의 번창을 기원하는 소박한 신앙을 표현한 것이다.

궁궐 목재는 소나무만 썼다

이러한 의식은 집을 단지 경제적 이익의 증식이나 편리에 국한시키는 천민자본주의 논리로만 파악하는 현대인에게 시사하는 바가 많다. 자연과의 절묘한 조화를 추구한 한국인 미학의 결정체가 집이었고 그 집은 솔이 지닌 우주성을 골격으로 삼고 있었음을 알게 해준다.

특히 궁궐의 건축에는 일반 가옥이나 사찰의 건축과는 달리 오직 솔만을 목재로 사용했다. 사찰에서는 솔·느티나무·전나무·참나무 등을 기둥이나 건축 재료로 썼지만 궁궐에서는 오로지 솔만을 쓰도록 했다. 솔은 우리나라에서 자라는 나무 중 우두머리 나무라는 오랜 믿음 때문이었다. 또한 목조 건축물을 짓는 데 솔은 다른 어느 나무보다 뒤틀림이 적고 송진이 있어서 비나 습기에 잘 견디기 때문이다. 그런 이유로 기둥·도리·대들보·서까래·창호 등 모든 목재를 솔 한 종류로만 짓게 된 것이다.

소나무 중에서도 한국의 솔만 사용하도록 했는데 그것은 우리 솔이 외국 소나무에 비해 강하기 때문이다. 사계절이 뚜렷한 기후의 특성이 솔을 강하게 만드는 것이다. 이러한 특징은 송진의 질과 함량으로 결정된다고 한다. 청와대 조경수 중에서 솔이 유독 많은 것도 옛 궁궐 건축재가 솔이었던 점과 무관하지 않다. 소나무를 통해 우리나라 역사의 계속성을 상징하고 있다고도 볼 수 있겠다.

이렇게 시작된 소나무 소식은 한국인의 문화사 맨 첫 장 첫 번째 줄에 자리 잡은 소나무 사람이 되었다. 한국인의 마음속에서 자라온 나무여서 한국인과 한몸이기 때문에 소나무 사람인 것이다.

한국인의 마음속에서 자라온 나무, 우리 민족의 정서를 품어 키우고 가꾸어온 대표적인 나무를 들라 하면 대부분의 사람들은 느티나무와 소나무를 떠올린다. 느티나무가 시인이라면 소나무는 철학자로 상징될 수 있지 않을까 싶다.

한국인의 심성 깊숙이 뿌리내리고 있는 소나무는 한국인의 생활과 문화에도 크게 관련되어왔다. 솔은 지난 수천 년 동안 초근목피草根木皮라는 암울한 배고픔의 내력을 지탱해준 민중역사의 어머니 같은 나무였다.

오두막이든 초가삼간이든, 솟을대문 세도가의 아흔아홉 칸 저택이든, 구중궁궐 크고 작은 권부의 대궐이든 건축재로서의 솔은 국가 존립의 한 기틀이었다. 크고 작은 배를 만드는 선박재도 솔이었고, 죽은 이를 장사지내는 관棺도 소나무로 만들었다. 긴 겨울철

청와대 소나무 조경.
조경수가 되어 북악산과 함께
대한민국의 중심을 지키고 있는 소나무.

온돌방을 덥히는 연료, 밥 짓는 땔감, 무쇠 연장과 무기를 만드는 용광로의 연료, 등불의 재료, 농경사회를 지탱하는 수십 종류의 농기구, 50종류가 넘는 생활도구 대부분도 소나무로 만들었다.

지난 수천 년 동안 마을마다 조왕신과 성주신을 받들며 사는 공경과 조화의 시절이 있었다. 하늘의 뜻이 한 점 어김없이 땅에서 이루어져 온전한 기쁨이 되는 시간 속에 있을 때는 참으로 행복했다. 사람은 하늘을 믿고, 하늘은 인간을 사랑하며, 뭇 생명의 신성함이 거룩하게 노래되던 공간이 있었다는 것은 우리를 꿈꾸게 한다. 당산, 당산나무가 그 시절이며 그 시간이고 그 공간이었다. 솔은 당산나무이고 솔숲은 당산이었다.

선비들은 솔의 빛깔과 자태를 신성한 상징으로 여겨 시를 썼고, 신라의 솔거 이후 화가들은 소나무를 그리면서 영원을 꿈꾸었다. 솔은 사악한 기운을 물리치고 정화시켜주는 힘을 지닌 신의 대리인이었다.

솔그늘 아래 열린 공간

한국인은 소나무로 지은 집에서 태어났다. 푸른 생솔가지를 꽂은 금줄을 치고 사악한 기운으로부터 보호받으며 지상에서 첫날을 맞았다. 몸을 푼 산모의 첫 끼니도 마른 솔잎갈비이나 솔가지를 태워 끓이고, 아이가 태어난 지 사흘째인 삼 날이나 이레째인 칠닐에는 소나무로 삼신할미한테 산모의 건강과 새 생명의 장수를 빌었다.

아이가 자라면 소나무 우거진 솔숲이 놀이터가 되었다. 솔방울을 장난감 삼아 놀면서 솔씨를 털어먹고 허기를 달랬다. 소년이 되면 봄마다 물오른 솔가지를 꺾어 껍질을 벗겨낸 뒤 하모니카 불듯 송기를 갉아먹고 갈증을 달래며 유년의 봄을 건넜다. 어른이 되고서도 소나무 껍질은 여전히 귀한 양식이 되었다. 소나무를 먹고 솔연기를 맡으며 살다 죽으면 소나무관 속에 육신이 담겨 솔숲에 묻히는 생을 살았다. 무덤가엔 둥그렇게 솔을 심어 이승에다 저승을 꾸몄다.

이렇듯 한국인은 인류 가운데서 처음으로 소나무 문화를 만들어 발전시켜온 민족이라고 할 수 있다. 한국인 정서의 밑바탕엔 솔의 빛깔, 솔바람 소리, 솔맛, 솔향기, 은은한 솔그늘이 있다. 그 솔그늘 아래서 시간이 피었다 스러지는 공간이 열렸다.

소나무가 서 있는 마을마다 삶의 나이테로 스며 있는 애환들, 소나무 한 그루에 깃들어 있는 세상 이야기들, 점잖은 식물학으로서의 소나무 이론들, 한국인의 기상을 이루어온 솔그늘과 솔바람의 멋과 풍류, 우리 겨레가 숨 쉬는 소나무의 늘 푸른 자태와 꿋꿋한 정신의 날들은 지금 어디에 있을까? 포기해서는 안 될 것까지 다 버리면서 이익만을 좇아 앞으로만 질주하는 우리의 천박하고 초라한 삶을 꾸짖는 저 솔의 이름 앞에서 우리는 누구인가?

우리나라 땅이름 중에서 소나무 송松 자가 첫 음절에 들어가는 마을이 619곳이나 된다고 한다. 꿈에 솔을 보면 벼슬할 징조이고,

강원도 삼척, 도래솔숲.
소나무 금줄을 치며 태어난 사람들은 무덤가에
도래솔을 심어 죽어서도 소나무와 함께한다.

소나무가 무성하면 집안이 번창하고, 비 온 뒤의 솔순을 보면 벼슬이 오르고, 솔 그림을 그리면 만사가 형통한다고 믿었던 시절이 있었다. 아, 한국인은 소나무와 인연을 끊고는 한시도 살아갈 수 없었던 그런 날이 있었다.

소나무 한 그루씩 마음에 지니다

솔은 무속에서 동신洞神이나 수호신이 되기도 했다. 마을을 수호하는 동신목 중에는 솔이 큰 비중을 차지한다. 오래된 솔이나 솔숲이 없을 때에는 더러 느티나무를 동신목으로 대신하기도 했다.

산신당山神堂의 신목神木은 대개 솔이며 산신당에는 산신도가 모셔져 있다. 큰 노송 아래 얌전히 엎드린 호랑이를 쓰다듬거나 굽어보고 있는 백발의 노인이 그려져 있는 산신도는 중요한 역사적 상징물이다.

소나무는 신성하므로 하늘에서 신들이 내려올 때에는 높이 뻗어 항상 푸른빛을 머금고 있는 솔을 선택한다고 믿었다. 이를테면 신과의 신성한 통로가 솔이었던 것이다. 여기서 단청丹靑의 종교적 색채 기원이 생겨났다. 붉은 솔의 몸은 사악한 기운을 제압하고, 푸른 솔잎은 생명의 창조와 번영을 뜻한다. 신목으로 정해진 소나무에 누구든 함부로 손을 대거나 부정한 행위를 하면 재앙을 입는다고 믿어왔다.

자식을 점지받기 위해 신목에 치성을 드리는 모습은 경건함을 경북 경주 붉은 소나무.
붉은 솔의 몸은 사악한 기운을 제압하고
푸른 솔잎은 생명의 창조와 번영을 뜻한다.
신들의 통로라 여겨진 소나무는 예로부터
마을을 지키는 수호신이었다.

김양기, 송하맹호도, 비단에 담채,
122×40cm, 19세기, 국립중앙박물관 소장.
호랑이 옆에 서 있는 노송의 밑둥은
한쪽이 떨어져나가고, 성한 몸통의 껍질은
쇠사슬을 이어놓은 모습으로 그렸는데,
이런 형식의 소나무는 18세기의 그림 특히
김홍도의 작품에서 많이 볼 수 있다.
소나무 잎의 묘사도 침엽을 둥그런
꽃모양의 방사선으로 배열하고 있다.
이 또한 김홍도의 영향을 많이
받은 것으로 보인다.

넘어 처절함을 느끼게 한다. 용틀임하듯 우람하게 뒤틀려 뻗어 오른 신목 숲에 밤새도록 촛불이나 들기름 불을 밝혀놓고 절을 올린다. 바람에 불이 꺼지지 않아야만 하늘의 응답을 받을 수 있다고 믿어 불을 지키기 위해 애쓰는 모습은 눈물겹다. 밤새도록 절을 하다 지쳐 앉거나 엎드려 깜빡 졸기라도 할라치면 호랑이가 나타나서 잠들어 있는 사람의 뺨을 핥아주거나 싱긋이 웃으며 바라본다는 얘기가 생겨난 것도 솔의 신성을 더해주었다.

솔을 개인적인 수호신으로 모시는 경우도 있었다. '산멕이기' 풍속이 그것이다. 매년 단옷날이면 집집마다 부녀자들이 동틀 무렵 마을 앞산에 올라가 산멕이기 의식을 베풀었다. 강원도 명주군 일대의 풍속이다.

의식은 비교적 단순하다. 먼저 한 해 동안 부엌 동쪽 기둥에 매달아두었던 '산'을 떼어내 들고 나온다. '산'이란 왼새끼를 꼬아 만든 줄을 말하기도 하고 작은 오쟁이 모양의 짚그릇을 일컫기도 한다. 앞산에는 식구들 수대로 솔이 정해져 있다. 이를테면 아버지솔, 큰아들솔, 막내딸솔 등으로 구분되어 있기도 하지만, 한 집에 한 그루씩의 솔이 신목으로 정해져 있기도 했다. 솔은 오래 사는 나무이기 때문이다.

가져온 '산'을 각자 자기 소나무에 묶어놓고 제물을 올려 식구들의 건강과 소망을 기원한다. 그 산을 부엌 왼편에 매달아두고 외부에서 들어온 음식, 즉 이웃에서 들어온 각종 잔치며 제사 음식을 사람이 먼저 입을 대지 않고 일부를 덜어내 산에다 얹어두는데, 이는 성주신께 예를 바치는 의식이다. 따라서 여기서 산은 제사그릇이라고 말할 수 있다. 이때 산을 바치는 신은 성주신이기도 하고 조상신 또는 산신을 뜻하기도 한다.

산멕이기 의식은 사람마다 소나무 한 그루씩 마음에 지니고 살았음을 보여준다. 이 의식은 외래 종교와 서구 사상에 의해 변질되면서 금지되고, 억압당한 나머지 지금은 사라졌다. 하지만 저 깊고 높고 오랜 한국인의 마음 안쪽에는 언제나 푸른 솔 한 그루 혹은 푸른 솔숲이 자리하고 있다. 솔의 기상으로 온갖 시련과 고난을 극복해내는 슬기와 여유가 우리 민족에겐 있었다.

솔의 종교성은 '솔바람 태교'라는 의식으로도 우리의 생활 속에 자리 잡고 있었다. 임신부는 솔숲에 가서 정좌하고 눈을 감은 채 솔잎을 가르는 장엄한 솔바람 소리를 온몸으로 맞는다. 미운 정과 고운 정, 시기와 원한 등 온갖 고뇌의 먼지를 가라앉히고 태아에게 솔바람 소리를 들려주는 것이다.

이 같은 태교는 장차 태어날 아기에게 솔의 신성과 우주성을 깃들이게 하는 것이다. 놀라운 깨달음이었다. 우주와 하나되는 생명의 환희였다.

무속과 민속에서 솔은 보다 더 세분화되어 우리의 생활 속으로 들어왔다. 솔가지는 제사나 의식 때 부정을 물리치는 제사도구로서 제의祭儀 공간을 정화하고 청정하게 하는 의미를 지니고 있다. 동제洞祭를 지낼 때, 제사 지내기 여러 날 전에 신당은 물론 제물을 준비하는 도갓집, 공동 우물, 마을 어귀 등에 금줄을 친다. 금줄에

금강산 신계사 앞 소나무.
해동보살이 산다는 금강산의 신계사(神溪寺) 둘레에는
울창한 노송이 숲을 이루고 있다.

는 백지와 솔가지를 꿰어둔다. 잡귀의 침입과 부정을 막기 위한 금기 행위의 하나였다.

신은 은총으로 내려오시고, 사람은 소망으로 오르는 길

고려 때 일연이 지은 『삼국유사』의 「고조선」편에 이런 기록이 있다.

옛날에 환인의 서자 환웅이 있었다. 항상 천하에 뜻을 두고 인간 세상을 탐내었다. 아버지가 아들의 뜻을 알고 삼위태백을 내려다 보니 인간을 널리 이롭게 할 만한지라 이에 천부인天符印 세 개를 주면서 가서 다스리게 하였다.

환웅이 무리 3천을 이끌고 태백산 꼭대기 신단수神檀樹 밑에 내려와 여기를 신시神市라 이르니 이가 곧 환웅천왕이다. (······) 그때 한 마리의 곰과 한 마리의 호랑이가 같은 굴에 살면서 항상 신웅神雄에게 사람이 되게 해달라고 빌었다.

신웅이 신령스런 쑥 한 다발과 마늘 스무 개를 주면서 일렀다. 너희가 이것을 먹고 백일 동안 햇빛을 보지 않으면 곧 사람이 되리라. 곰과 호랑이가 이것을 받아서 먹고 햇빛 보지 않기를 삼칠일 만에 곰은 여자의 몸이 되었지만 호랑이는 참지 못하여 사람이 되지 못했다.

웅녀는 (비록 여자가 되긴 했으나) 그와 혼인해주는 이가 없었다. (웅녀는) 항상 신단수 아래서 아기를 점지해달라고 빌었다. 환웅이 잠깐 (인간으로) 변하여 (웅녀와) 혼인하여 아이를 낳으니 이름을 단군왕검이라 하였다…….

또한 고려 말기의 학자 이승휴가 지은 『제왕운기』에는 흥미로운 기록이 있다. 환웅을 단웅천왕壇雄天王이라 했다. 단웅천왕은 자신의 손녀에게 약을 먹여 사람으로 변하게 하였다. 여자로 변한 소녀는 단수신壇樹神과 혼인하여 마침내 단군을 낳았다.

하늘에 계신 신에게 기도드릴 때에는 단을 쌓고 그 앞에서 절하고 엎드려 빌었다. 이때 제단은 반드시 큰 나무를 의지해야 하는데, 이를 '신단수'라 불렀다. 신은 인간의 간곡한 기도에 감동하여 직접 땅으로 내려와 인간의 소망을 들어주셨다. 신이 땅으로 강림하실 때 유일한 길로 삼으시는 신성한 통로가 신단수이며, 신단수를 타고 내려오신 신을 '단수신'이라고 했다.

이와 같은 신단수는 고려 이후 사당목祠堂木, 본향목本鄕木, 당산堂山나무라는 여러 이름으로 불리면서 한 집안과 마을이 번창하고 온갖 재앙으로부터 수호되기를 비는 민간신앙의 중심 나무로 자리 잡았다.

신단수로 널리 알려져 있는 한 그루의 큰 나무를 신과 인간의 소통수단으로 삼았던 실질적인 역사가 있었다. 기원전 13세기에서 기원전 12세기 무렵 부족국가 삼한에서는 천신天神과 수목樹木 숭배신앙이 존재했다. 신단수가 있는 곳을 소도蘇塗라 불렀다. 신과 인간의 소통 공간으로 삼아서 크고 오래된 나무를 숭배하고, 그 나무 아래 일정한 공간에는 금줄을 둘러치고 신성한 도피처로 삼 았다.

죄수가 도망치다가 금줄 안으로 들어가면 죄수를 더 이상 추격 하거나 체포하려 위협을 가하지 못했다. 그곳에서 일정 기간이 지 나면 죄인은 무죄가 된다는 믿음이 있었다. 천신이 신단수를 통하 여 그를 용서해주었다고 믿었기 때문이다. 천신은 그 나무를 통하 여 인간에게 뜻을 전하고, 인간은 그 나무 아래에다 단壇을 쌓고 제 사를 올림으로써 천신께 소망을 아뢰고 감사의 기도를 올렸던 것 이다.

이와 같은 일들은 『구약성서』의 「열왕기」 「출애굽기」 「사무엘」 의 기록에도 확인되는 것으로 보아 제사를 지내는 나무는 한반도 에서만 존재했던 것이 아닌 세계의 공통된 소통 공간이었던 것으 로 보인다.

소나무는 우리 민족의 거룩한 시작을 맨 처음 맑은 눈으로 지켜 본 나무였다. 생명을 주고 지키며, 생명의 거룩한 뜻을 공경하고 함부로 죽이는 것을 두려워할 줄 알게 하며, 생명의 기쁨을 칭송케 하는 신앙의 나무였다. 홍익인간弘益人間의 이념을 새긴 나무였다.

이렇듯 소나무는 하늘의 뜻이 인간의 마음에 와 닿는 신성의 표 상이며, 하늘로부터 내려받은 생명으로 다른 수많은 목숨들을 돌 봐주고 그들에게 널리 이익 되게 베풀도록 가르친 하늘이 내린 교 사였다.

경남 하동 문암송, 천연기념물 제491호.
산중턱의 문암(文岩), 일명 문바위이라는 거대한 암석 사이를
꿰뚫고 자란다고 해서 붙여진 이름이다. 600년의 세월을
괴석과 함께하며 마을의 수호신 역할을 해온
나무 앞에서는 매년 유교식 제례가 열린다.

어머니 안의 웅녀와 소나무

소나무는 '솔'과 '나무'의 합성어다. 솔은 상上, 고高, 원元의 의미를 지녔다. 나무 가운데 우두머리라는 뜻으로 '수리'라고 부르다가 '술'로 변했는데 다시 오늘날의 '솔'로 자리 잡게 된 것이다.

한국인들이 당산나무인 소나무를 만나러 가는 길은 정결하고 엄숙한 절차 끝에서 시작된다. 자식이 귀한 집안에서는 자식 점지해주시기를 기원할 때, 어렵게 얻은 자식이 건강하고 오래 살게 해달라고 축수할 때, 병이 들어 고생하는 환자의 쾌유를 빌 때, 전쟁터에 나갔거나 먼 곳으로 떠나 돌아오지 않는 자식이나 남편이 무사히 돌아오도록 빌 때 어머니는 북두칠성 바라보이는 당산나무 발치에 정화수를 떠놓고 지성으로 기도하신다.

어머니의 기도는 정화수를 길으러 가시는 걸음에서부터 시작된다. 1960년대까지만 해도 흔하게 볼 수 있었던 눈물겹도록 아름다운 풍경이었다. 넉넉지 못한 살림인데다 소복소복 많이 낳아 기르는 자식들은 배고픔을 해결하기 위해서, 학업을 위해서 고향을 떠나 도회지로 갔다.

어머니는 낳기는 했지만 배불리 먹이지도 제대로 가르치지도 못한 것이 마치 자신의 지울 길 없는 죄업이라도 되는 듯, 남들 잠든 새벽마다 정화수 길러서 당산나무 찾아가 먼동이 틀 때까지 하늘에다 빌고 또 애원하셨다. 정화수는 어머니 혼자만의 내밀한 아픔과 떨리는 소망의 빛이 시작되고 이루어지는, 하늘과의 교감이 녹아 있는 거룩함 그 자체다.

샛별이 동쪽 하늘에서 눈을 뜨는 신새벽, 어머니는 잠에서 깨신다. 정화수가 있는 샘물로 가시기 전에 머리 감고 목욕을 하신다. 낡은 옷이지만 깨끗이 삶고 빨아서 손질한 옷으로 갈아입고 미리 준비해둔 깨끗한 물항아리를 챙겨 집을 나서신다.

사립문 문설주 옆에 세워둔 기다란 대나무 막대기를 찾아 드는데 그 끝엔 대나무 가지가 그대로 붙어 있다. 사립문을 나서면서부터 막대기로 길바닥 여기저기를 툭툭 두드리며 천천히 샘터 쪽으로 걸어가신다. 저만치 떨어진 다른 곳에서도 막대기로 길바닥 두드리는 소리가 들린다. 이웃의 또 다른 어머니께서도 새벽 샘터로 가시는 기척이다.

어머니는 이른 새벽 길바닥 위로 기어 나와 잠자고 있을지도 모를 곤충이나 파충류 들의 잠을 깨우며 걸으신다. 행여 발길에 밟혀 다치거나 죽게 될 미물들이 없기를 소망하면서 막대기로 두드리는 것이다. 입으로는 쉴 새 없이 염불을 외우신다. 혹시나 발에 밟혀 다치거나 죽은 것들을 위한 염불이다. 내 자식 내 식구 건강하게 오래 살고 청복(淸福)을 누리면서 부끄럽지 않은 이름 후세에 길이 남게 해달라고 정화수 길으러 가는 걸음에 미물 하나의 목숨인들 어찌 하찮게 여길 수 있겠는가.

차마 못 하시는 어머니의 그 마음이 곧 하늘이며 자연인 것이다. 나 살자고 미물 목숨인들 어찌 상하게 할 것인가 하는 하느님의 마음으로 정화수를 길어 당산 소나무 앞에 단을 쌓아 그 위에 올려놓으셨다. 그리고 절을 올린 다음 무릎 꿇고 엎드리셨다. 저 옛날 웅녀가 신단수 아래서 빌었듯이 말이다. 아니, 한국의 모든 어머니는 웅녀이시기 때문이다.

어머니의 지극하신 생명사상은 저 불교의 생각과도 뿌리가 닿아 있다. 처음 절집으로 출가하여 스님이 되기 위한 수행의 기초를 닦는 행자스님이 날마다 잠자리에 들기 전, 깨어나 등짝 일으켜 앉으면서 외우는 『초발심자경문』初發心自警文에 이런 구절이 있다.

부드러운 옷과 좋은 음식을 간절히 받아쓰지 마라
밭 갈고 씨 뿌릴 때부터 입과 몸에 이르기까지
사람과 소의 공력이 많고도 무거울 뿐만 아니라
목숨 가진 벌레들이 죽고 상한 것 많고 많거늘
수고한 저 공이 나를 이롭게 한 것만 해도 민망한데
하물며 다른 목숨을 죽여 내 살기를 어찌 바랄 건가

또한 2,500년 전 인도에서 시작된 자이나교는 살아 있는 모든 존재를 해치지 않는다는 아힘사ahimsa의 원칙에 매우 철저하다. 그들은 비폭력주의자이고 채식주의자다.

그들은 입을 여덟 겹의 천으로 가리고 다니기도 한다. 공기 중의 생물을 우연하게라도 해치지 않기 위해서다. 그 천은 오직 먹을 때에만 풀 수 있다. 매일 아침저녁으로 옷이며 이불, 동냥그릇, 책들을 일일이 검사해서 혹시 벌레가 그 안에 들어오지 않았는지 확인한다. 매우 천천히 조심스럽게 걸어서 벌레나 풀을 밟지 않도록 하며, 앞이 잘 안 보이는 밤에는 아예 밖에 나다니지를 않는다. 목욕을 하거나 양치질을 하지도 않는다. 머리에는 이가 득실거린다. 어쩌다 머리를 손톱으로 긁어 이가 떨어지면 그 이를 도로 머릿속에 집어넣도록 가르친다. 생물을 해치지 않겠다고 맹세했기 때문이다.

당산 소나무 앞에 가서 기도드리기 위해 어머니가 준비하시는 그 엄숙한 과정은 불교가 우리나라에 들어오기 훨씬 이전부터 어머니의 고귀한 삶의 바탕으로 자리 잡혀 있었다. 불교와 다른 종교들의 생명사상은 우리 어머니의 품 안에 안겨서 우리 어머니의 젖을 먹고 노랫소리를 들으면서 우리 삶의 식구가 된 것이다.

어머니에게서 이어받은 우리의 더럽혀지지 않은 본디 마음을 만나보려면 어머니를 생각해야 한다. 어머니께 가면 솔숲이 있고, 당산나무가 있고, 솔바람 소리가 들린다.

어머니로부터 비롯되지 않은 목숨은 없다. 존재하는 모든 생명은 어머니가 출발점이며 귀착지다. 시작에서 끝나는 순간까지의 삶은 곧 어머니를 부르고, 외치면서 이루어가는 어머니의 영토를 여행하는 나그네다. 어머니는 모든 것이다.

소나무는 어머니를 닮았다. 뿌리·몸·껍질·줄기·잎·꽃·꽃가루 등 어느 한 가지도 우리의 삶에 소용 닿지 않는 것이 없기 때문이다. 온몸을 송두리째 우리 삶을 위하여 헌신한다. 그리고 솔의 빛깔·향기·솔그늘·솔바람·송진·솔방울·솔씨는 물론이고 소

경북 청도 운문사의 처진소나무, 천연기념물 제180호.
이 나무는 3미터 정도 높이에서 가지가 사방으로 퍼지면서
밑으로 처지며 자란다. 옛날 한 노승이 시든 나뭇가지를 심어 자라났다는
전설이 전해져오고 있으며, 매년 4월 막걸리 12말의 공양의식이
치러지면서 '막걸리나무'라고 불리게 되었다.

나무가 서 있는 풍경과 이름까지도 우리의 정신을 만들고 살찌우고 맑혀온 어머니 안에 사는 또 하나의 어머니였다.

솔밭에서 살다 솔밭에 묻히다

한국인은 솔밭에서 태어나 사랑하며 살다 솔밭에 묻히니 솔밭은 곧 한국인의 삶의 터전이자 역사요 문화다. 한국인의 정서가 솔숲에서 비롯되니 솔의 속내는 곧 민족의 심성이라고도 할 수 있다. 솔의 빛깔은 한국인의 심성을 물들였고 솔의 생김생김은 한국인의 마음과 생각의 자리마다 행주좌와行住坐臥를 계시했다.

솔의 빛깔은 단청의 원류가 되었다. 솔잎은 영원으로 푸르고 그 몸은 죽어서도 붉은 빛을 버리지 않는다. 솔의 붉은 몸 색깔은 고대인들이 태양·불·피를 신성하게 여기며 두려워하고 숭상하여 고귀한 것으로 믿었던 붉은색 신앙관과 깊은 관련이 있다. 붉은 빛은 생의 상징이며 정열·애정·지성이며, 의리·치성·사랑이기도 하다. 사악한 기운을 물리치고 범접하지 못하게 하는 벽사辟邪를 뜻한다. 솔잎의 푸른빛은 태양이 솟는 동쪽의 기운·창조·신생·생식의 상징이다. 이렇듯 솔의 빛깔은 한국인의 마음 바탕에 선명하고 깊은 그림자를 드리우고 있다.

그리하여 솔은 장수와 절개의 상징으로 자리 잡았다. 오래 살되 부끄럽지 않고 이웃에 짐이 되지 않고 추하여 외면당하지 않고 존경받는 삶을 꿈꾸게 했다. 예로부터 해·산·물·돌·구름·불로초·

거북·학·사슴과 함께 솔은 십장생十長生의 하나였다.

오래 사는 솔은 부질없고 허망하게 나이만 먹는 것이 아니라 오래 살되 늠렬凜烈하고 비수같이 매서운 지조의 상징으로 삼았다. 폭풍우와 눈보라 앞에서나 척박하고 험준한 자연의 역경 속에서도 늘 푸르고 붉은 솔의 꿋꿋한 기상과 의지를 향한 한국인의 예찬은 우리의 사연 많은 역사를 낳았다.

초목의 군자君子, 노군자老君子, 군자의 절개, 송죽 같은 절개, 송백松柏의 절개라는 말 모두 솔의 상징이다. 혼례식 초례상에 솔가지와 댓가지를 꽂은 꽃병 한 쌍을 남북으로 나란히 세우는 것은 신랑신부에게 절개를 지키며 살라는 솔의 주례사와 같다.

솔은 액막이와 정화淨化의 의미로도 생활 곳곳에 파고 들어와 자리 잡고 있다. 세시 풍속에서 정월 대보름 전후에 솔가지를 꺾어 문에 걸어 두면 잡귀와 부정을 막는다고 믿었다. 동지 때 팥죽을 쑤어 삼신과 성주신께 빌고 질병을 막기 위해 솔잎으로 팥죽을 사방에 뿌린다.

출산 때, 장을 담글 때 치는 금줄에도 숯·고추·백지·솔가지를 끼워놓는데 이 경우도 잡귀와 부정을 막기 위한 것이었다. 젖먹이가 갑자기 아프면 삼신할미께 빌기 전에 바가지에 맑은 물을 떠서 솔잎에 적셔 방 안 네 귀퉁이에 뿌리는데, 부정을 씻어내 제의공간을 정화하기 위한 것이라고 믿었다.

역병이 창궐할 때 지붕 꼭대기에 푸른 솔가지를 꽂아두는 것, 가

뭄이 심할 때에는 문 앞에 병을 내걸고 병에다 솔가지를 꽂아두면 비가 내린다고 믿는 습속, 손각시에 걸려 죽은 처녀 시체는 관을 매장할 때 관 주위에다 생솔가지를 쟁여 넣는 것, 그네를 매는 나무 꼭대기에 솔가지를 꽂는 것, 풍물놀이 할 때 농기 끝에 솔잎을 꽂는 것, 성황당을 지날 때 솔가지를 놓는 것에서 보듯 액막이와 정화의 수단으로 솔잎이나 솔가지가 이용되었다.

이처럼 솔을 집 주변에 심으면 생기가 돌고 속기俗氣를 물리칠 수 있다고 믿었다. 소나무 순이 많이 죽는 해에는 사람이 많이 죽고, 소나무가 마르면 사람에게 병이 생긴다고 했다.

솔의 신이성神異性이 생겨난 것도 장수와 절개의 연장선상에서 비롯된 것으로 보았다. 1464년 조선의 제7대 왕 세조가 속리산 법주사로 행차할 때 타고 가던 연輦이 한 소나무 밑을 지나가게 되었다. 가지가 처져 있어 "연이 걸린다"고 말하자 이 소나무는 스스로 제 가지를 들어 올려 왕의 가마가 무사히 지나가게 해주었다. 그 뒤 세조가 이 소나무에 정이품 벼슬을 내려 '정이품송'이라 불렀다는 이야기가 전해온다. 또한 강원도 영월의 장릉 주위에 있는 소나무들이 모두 장릉을 향해 굽어 있는 모습을 억울한 단종의 죽음을 애도하는 것이라고 칭송하는 이야기도 솔의 신이성으로 볼 수 있다.

강원도 삼척군 가곡면 동활리의 금송金松은 전쟁이나 풍년, 흉년을 예견하는 나무로 알려져 있다. 2미터 남짓 크기의 이 솔은 그 색깔이 노래야 하는데 다른 색으로 변하면 변고가 생겼다. 검으면 수

강원도 영월 장릉 소나무.
단종의 억울한 죽음을 애도하듯 무덤을 향해 굽어 있다.

해의 징조, 붉으면 전쟁이 일어날 징조, 희면 흉년이 들거나 사람이 많이 죽게 된다는 것이다.

이렇듯 솔은 또 하나의 한국이자 한국인이다.

제2장

'소나무 송松'과 한국의 솔

달이 점점 차듯
해가 점점 드높이 솟아오르듯
남산의 나이가 영원하듯
이지러지고 무너짐이 없으시리이다
소나무 잣나무 무성하듯이
님의 자손 끊임없이 이어지리이다

벼슬을 받은 나무

세계에서 공통으로 쓰는 소나무의 학명은 '피누스 덴시플로라' Pinus Densiflora로, 속명 '피누스'는 '산에서 나는 나무'라는 뜻의 켈트어 '핀'Pin에서 유래했다. 한자 이름으로는 줄기와 몸이 붉다 하여 '적송'赤松, 여인의 자태처럼 부드러운 느낌을 준다 하여 '여송' 女松, 육지에서 자란다 하여 '육송'陸松이라고도 부른다.

'소나무 송松'이란 한자에는 다음과 같은 옛이야기가 전한다. 중국 진나라 시황제가 길을 가다 소나기를 만났는데 소나무 덕에 비를 피할 수 있었다. 시황제는 고맙다는 뜻으로 나무에게 공작의 벼슬을 주어 '목공'木公, 즉 나무공작이라 했고, 이 두 글자가 합해져서 '松' 자가 되었다는 이야기다.

'松'이란 글자가 중국 역사의 산물이므로 중국에서 전해진 소나무 관련 이야기는 모두 중국 문화의 몫이다. 모든 나무의 으뜸이라는 '백목지장'百木之長이나, 『예기』禮記에서 "소나무와 잣나무는 사시사철 잎의 푸름이 변치 않는다"松柏之有心也貫四時而不改柯易葉는 구절도 중국 문화가 낳은 솔에 대한 철학적 자산이다.

松이란 글자가 나오는 문헌 중에서 가장 오래된 기록은 『시경』詩經으로 알려져 있다. 『시경』의 「정풍」鄭風 '산유부소'山有扶蘇와 「소아」小雅 '천보'天保, 「송」頌 '민여소자지십'閔予小子之什 '비궁'閟宮에 소나무가 등장한다.

'산유부소'는 속아서 시집 온 여성의 원망과 한탄을 노래한 내용이다. 여성은 혼인한 뒤에 남편 집으로 왔다. 남편 될 사내를 보지도 못한 채 매파의 말만 듣고서 한 혼인이었는데, 그 시절 혼인 풍속이기도 했다. 매파의 말로는 신랑 될 남자가 전설 속의 미남인 자도子都만큼 잘생겼고, 믿음과 성실의 상징적 존재인 자충子充 못지않은 사내 중의 사내라고 했다. 그런데 막상 시집을 와서 보니 자도, 자충의 그림자는 비친 적도 없는 어리석고 사악한 사내였다는 것이다.

　산에는 큰 소나무
　개펄에는 털여뀌
　자충은 볼 수 없고
　눈에 보이는 건 교활한 인간
　山有橋松　隰有遊龍
　不見子充　乃見狡童

　소나무 자라는 산은 높은 곳을, 털여뀌가 있는 물가는 낮은 곳을 상징한다. 높고 낮은 땅에 따라서 만물은 저마다 있어야 할 자리에 마땅히 있었다. 그런데 나만 내가 서야 할 마땅한 자리를 누리지 못했다. 중매쟁이는 내 남편 될 사람이 믿음직하며 성실하다 했는데, 시집을 와서 보니 교활하고 못된 젊은이였다. 나는 속았다. 이렇게 한평생을 살아야만 하는 것이다. 여기서 소나무松 또는 높은 소나무橋松는 높음, 즉 고귀함이나 존귀함을 뜻하고 있다.

'천보'는 하늘이 천자天子를 돕고 있음을 노래한 것이다. 천자가 천신에게 제사 지낼 때 신이 무당을 통하여 내리는 말씀이라고 풀이하기도 한다.

달이 점점 차듯
해가 점점 드높이 솟아오르듯
남산의 나이가 영원하듯
이지러지고 무너짐이 없으시리이다
소나무 잣나무 무성하듯이
님의 자손 끊임없이 이어지리이다
如月之恒　如日之升
如南山之壽　不騫不崩
如松柏之茂　無不爾或承

천자가 천신에게 제사 지낼 때 무당의 역할은 매우 크고 중요했다. 신은 무당을 통하여 천자에게 뜻을 내리는데, 무당은 신의 말씀을 받아서 천자에게 전해준다. '천보'는 곧 신이 천자를 땅의 지배자로 선택하셨고, 천자는 신의 보호와 능력으로 땅의 모든 것을 다스림에 위엄과 신성으로 지배하며, 천자의 위세와 역사는 남산의 소나무같이 영원할 것이라는 노래다.

우리나라 「애국가」 두 번째 절의 노랫말인 "남산 위의 저 소나무 철갑을 두른 듯"하다는 구절의 뜻과 그 어원이 「소아」 '천보'

의 그 '남산'과 '소나무'와 어떤 관계가 있는지 자못 궁금하다. 『시경』 '천보'의 소나무도 국가와 겨레의 영원한 번영을 소망하기 때문이다.

'비궁'은 자식을 점지해주시는 신의 거처를 말한다. '비궁'이 포함된 '송'은 원래 제사에서 연주하는 시다. 조상의 공덕을 찬미하고 제사를 드리는 자손의 공경스러움을 노래했다. 또한 제사에 참가한 제후를 칭송하기도 했다. 제후가 조정에 와서 천자의 제사를 돕는 것은 정치적인 의미가 컸기 때문이다.

조래산 봉우리의 큰 소나무에다
신보산 언덕의 잣나무로서
길게도 자르고 짧게도 잘라
치수를 맞추어 마름질하여
아름드리 소나무로 서까래 삼아
크고 크게 침전을 이룩하시니
새 사랑의 모습이 아름답도다
徂徠之松　新甫之柏
是斷是度　是尋是尺
松桷有舃　路寢孔碩
新廟奕奕

'송'의 시편들은 주나라 왕실의 조상이라 여기는 후직后稷이 강원姜嫄의 몸에서 태어나 백성에게 농업을 가르친 일, 주의 문왕, 무왕에 이어 마침내 무왕이 은나라 주왕紂王을 멸망시킨 일, 주공周公의 아들 백금伯禽이 노나라의 제후로 봉해진 일, 백금의 자손인 노魯 장공莊公의 아들 희공僖公이 조상의 제사를 잘 받들고 노나라를 훌륭하게 다스려 하늘의 복을 받고 길이 나라를 보전하리라는 내용을 담고 있다. 그리하여 이제 훌륭한 목재로서 새로운 묘당廟堂을 지었음을 노래하고 있다.

조래산의 소나무와 신보산의 잣나무는 하늘의 뜻을 땅에 전하는 신성과 신비의 상징이며 땅을 다스리는 천자를 통하여 만백성의 칭송과 소망을 아뢰어 바치는 청정과 존경의 뜻을 담고 있는 나무다. 따라서 이때부터 모든 천자와 제후가 정사를 돌보고 거처하는 건물 및 사당을 짓는 건축 재료로는 소나무와 잣나무가 정해졌다. 우리나라의 모든 왕조들도 소나무와 잣나무로 궁궐을 짓고, 사당祠堂을 짓는 전통이 중국 역사에서 비롯되었다.

소나무, 잣나무, 궁궐 짓는 재료로 쓰이다

소나무로 궁궐과 사당을 짓게 된 데는 소나무가 지닌 건축재로서의 우수성 때문만은 아니었다. 오히려 정치적 목적과 역사적 배경이 더 중요한 원인으로 작용했다. 하夏, 은殷나라에 뒤이어 주周나라가 등장한 역사적 환경 속에서 앞의 두 나라와 정반대되는 정치적 목적이 필요했고, 이를 실현시킨 초기 주나라의 정치 지도자

종묘 정전.
중국의 영향을 크게 받았던 우리나라는 정치적 권위를 상징하는
궁궐과 유교 정신을 담고 있는 사당 건축에 소나무를 사용했다.

들을 기리는 제사를 지내기 위한 사당을 지을 때 소나무와 잣나무가 사용되었던 것이다.

간략하게 그때의 역사 환경을 살펴보면, 하나라 다음의 왕조였던 상나라의 정치적 특징은 남녀의 역할 구분이 엄격하지 않았고, 혼인한 여성은 남편과 별개의 토지를 갖고 있었으며, 거처 또한 반드시 남편과 함께 지내야 할 필요가 없었던, 모계사회의 전통이 강한 나라였다. 따라서 신분과 재산이 부자 상속이 아닌 형제 상속 전통을 가졌다. 아버지 쪽보다는 어머니 쪽의 권한을 반영하는 것이었다. 부인의 자격을 따지는 처첩妻妾 또는 적서嫡庶의 구별도 없었다. 또한 돌아가신 할머니, 즉 '선비'先妣에 대한 특별 제사 제도가 있었는데 이 또한 모권을 중시했다는 뜻이다.

역易에서도 상역商易에서는 땅을 뜻하는 곤괘坤卦가 머릿괘[首卦]였다. 역에는 우주에 관한 고대인의 인식이 표현되어 있는데, 그 상징체계에는 사회의 실상이 담겨 있다. 하·은·주의 사회는 모두 괘상卦象으로 자연 현상을 표현했고, 그것을 통하여 각 사회가 중요하게 취급하는 자연 기능이 무엇인가를 알 수 있다.

하나라는 산의 자연 기능을, 은(상)나라는 땅의 자연 기능을, 주나라는 하늘의 자연 기능을 숭상하였다. 땅이 뜻하는 자연적인 기능은 고대인의 사유에서 여성적 원리에 비유되었다. 상의 철학에서 '곤'坤을 중요하게 여겼다는 것은 그 사회가 여성 존중의 전통이 강했음을 말한다.

상나라를 멸망시키고 새로운 패자로 나타난 주나라도 오랫동안

상(은)의 지배 아래에 있던 주족周族이었다. 상의 핵심 경제는 유목인 데 반하여 주는 농업이었다. 그 농업을 가르친 자가 주나라 왕실이 조상으로 여기는 후직이었음은 농업에서 남자들의 노동력이 더 큰 역할을 한다는 것과도 관계된다.

후직의 후손들 중에서 문왕文王을 주의 실질적 건국자로 보는데, 문왕의 주는 신분과 재산의 상속이 부자 상속으로 바뀌면서 아들 중에서도 큰아들만이 권력 계승자가 되는 혁명을 완성했다. 문왕은 두 아들을 두었다. 큰아들은 희발姬發, 둘째아들은 단旦이다. 희발은 문왕을 계승하여 무왕武王이 된다. 동생 단은 형님을 도와 주나라 초기의 혼란과 무질서를 제도적으로 정비하여 안정시키는 데 역할을 다했다. 두 형제는 아직도 완전한 국가를 만들지는 못하고 있었다. 여전히 은나라의 왕이 통치하는 은의 영토 안에서 은왕조를 타도하기 위해 일어선 혁명 세력이었다. 상商, 기원전 1551~기원전 1066은 탕왕湯王이 세웠고, 간적簡狄이 낳은 설契을 시조로 한다. 무경武庚의 시대에 은殷 땅으로 천도했다. 그 후 나라 이름을 은이라고도 하였는데, 상과 은은 같은 왕조를 가리키는 것으로 통용되었다.

기원전 1066년 2월 갑자일甲子日 새벽, 무왕은 은나라의 마지막 왕이 된 주왕紂王을 치기 위하여 주를 따르는 800여 부족에서 차출한 군사들을 목야牧野에 집결시켜놓고 저 유명한 연설을 했다. 더 이상 은나라의 주왕을 지도자로 인정하지 말아야 하며, 그동안 수천 년을 여자들의 행동 아래 짓눌려 살아야 했던 남자들의 울분과 치욕의 사슬을 끊고, 남자가 역사를 이끄는 주체가 되어야 한다는 매우 자극적이고 전의를 불사르게 하는 내용이었다.

그날 연설 중에서 가장 유명한 구절이자 『서경』書經 「주서」周書, '목서'牧誓에 기록되어 전하는 말이다.

암탉을 새벽에 울리지 마라. 암탉이 새벽에 울면 집안이 망한다.
牝鷄無晨 牝鷄之晨 惟家之索

목야 전쟁터에서 무왕이 한 말을 사관이 기록한 것이다. 암탉을 은유하여 여성을 규제하려는 방식은 오늘날 한국 사회에서도 확인되는 무서운 성차별 도구다. 그 후 주족의 주나라는 고대 동아시아의 핵심적인 국가로 성장했다. 이 주나라가 완성시킨 남성중심주의가 종가宗家, 종법宗法이었다.

무왕의 뒤를 이은 성왕成王은 무왕의 큰아들이자, 무왕을 도와 주나라의 문물제도를 완성시킨 단 또는 주공의 조카가 된다. 주공은 어린 조카를 왕위에 올려놓고 은의 멸망으로 매우 혼란해진 사회를 안정시키고, 제도를 더욱 손질하여 1,000년 동안의 번영을 누릴 수 있는 실질적인 토대를 쌓은 인물이다.

비록 어린 조카가 왕이었지만 실질적인 국가 경영에 필요한 병력과 백성들의 존경을 한몸에 받았기 때문에 마음만 먹으면 얼마든지 왕위를 넘겨받을 수 있었지만 끝까지 조카를 지켜 주나라를 공고하게 세우는 데 헌신했다. 특히 문화와 교육, 세금제도, 병역

제도, 토지제도와 음악, 예론을 완성시켜 뒷날 중국 문화의 모체가 되었다.

주周, 기원전 1111~기원전 255나라 때 만들어진 독자적인 정치제도와 문화적 특징은 그 후 2,000년간 중국의 정치·문화의 원형이 되었다. 주는 기원전 771년 이전의 서주西周와 기원전 770년 이후의 동주東周로 나뉜다. 동주는 다시 춘추시대기원전 770~기원전 476와 전국시대기원전 475~기원전 221로 이어졌다. 동주의 여러 제후국들 중에서 노나라는 주의 좋은 전통을 가장 잘 계승했는데, 주공의 아들 백금이 노나라의 제후로 봉해졌다. 백금의 자손인 장공의 아들 희공이 조상 제사를 잘 받들면서, 『시경』의 「송」頌 같은 시편들이 쓰이는 계기가 되었다.

주공의 후손들이 다스린 노나라에서 공자가 태어나 살았다. 유교 사상의 근원은 공자에 있지만 공자 사상은 그 형성의 환경적 요소인 서주 국가들의 문물제도에서 형성되었다. 공자는 주나라의 문화에 매우 강한 애착을 갖고 있었다. 『논어』「팔일」八佾에는 다음과 같은 구절이 있다.

  공자께서 말씀하셨다. 주나라는 2대하나라·은나라를 살펴서 그 문화가 매우 찬란했으니, 나는 주나라를 따르겠노라.
  子曰 周監於二代 郁郁乎文哉 吾從周

실제로 공자는 꿈에 주공을 만났다는 말이 있었을 만큼 주공을 존경했던 것으로 알려져 있다. 유교 문화권의 여성관은 공자 사상의 연원이 된 주나라의 문화적 특성과 깊은 관계가 있다. 결국 주나라 무왕의 여성 정책 교훈은 중국 역사의 이념적 방향을 제시한 것이었고, 여자가 주도해왔으며, 남자가 조금만 경계를 늦추면 여자의 목소리는 금방 되살아난다는 두려움 섞인 경고로도 들린다. 여자의 목소리를 억누르고 없애야 한다는 『서경』에 적힌 무왕의 '암탉론'은 그 후 동아시아 여러 나라의 정치, 문화에 엄청난 영향을 끼쳤다.

유가 정치사상의 모형을 제시한 맹자 또한 『서경』을 가장 많이 인용했다. 그리고 조선왕조의 모든 정치 사상은 다름 아닌 『서경』에 그 출발점을 두고 있었기 때문에, 여성에 관한 억압 정책이 그토록 다양하고도 혹독했다. 또한 조선조의 유교 사상은 주나라와 『서경』·공자·맹자·주자로 이어져서 제사로 시작하여 제사로 끝을 보는 특이한 나라였다. 그래서 제사를 지내는 종묘, 사당은 물론이고 임금이 정사를 돌보는 곳까지 궁궐 대부분을 소나무로 짓게 된 것이다.

애국가 2절의 '남산'과 '소나무'

한국의 솔과 똑같지는 않지만 소나무 종류는 신생대부터 지구상에 나타나기 시작했고 전 세계에 100여 종이 넘는 소나무류가 있다.

한국의 솔은 소나뭇과에 속하는 상록성 큰키나무로 암꽃과 수

꽃이 한 나무에서 위아래로 달려 있다. 바늘 같은 잎이 두 개씩 붙어 있고 나무껍질이 붉어서 다른 소나무류와 구분할 수 있다.

한국의 솔은 약 6,000년 이전부터 한반도에 살기 시작했고, 3,000년 전부터 한국인의 생활과 밀접한 관련을 맺게 되었다는 것이 연구자들의 대체적인 견해다. 한반도에서 자생하는 소나무와 같은 종류는 중국에 없다는 것이 정설이며 한국과 일본에서만 자란다. 남으로는 제주도, 동으로는 울릉도, 북으로는 백두산까지 국토 전역에서 자라지만, 일본의 북쪽 홋카이도에서는 자라지 않기 때문에 소나무에 관한 한 한국의 소나무 종은 한반도에만 있다고 해도 틀리지 않다. 그러나 현대 식물학에 먼저 눈을 뜬 일본인들이 한국 소나무를 세계 학계에 소개하면서 '재패니스 레드 파인' Japanese Red Pine, 즉 '일본 붉은 소나무'라고 이름 지었기 때문에 세계적으로는 한국의 솔이 아닌 일본 소나무로 통용되고 있다.

한국의 솔에 대한 체계적인 연구의 효시 또한 1928년 일본인 식물학자 우에키 호미키植木秀幹 교수의 「조선산 적송赤松의 수상樹相과 개량에 관한 조림학적 고찰」이라 한다. 참으로 기구한 한국 솔의 운명은 고스란히 한국인의 근현대사에 옮겨 붙은 치욕과 능멸의 씨앗이 되었다.

　　남산 위에 저 소나무 철갑을 두른 듯
　　바람서리 불변함은 우리 기상일세
　　무궁화 삼천리 화려강산

서울 남산 전경.
조선시대 남산의 소나무는 함부로 베어서는 안 되는
특별 관리 대상이었다. 애국가 2절의 가사에는 일제의 탄압을
이겨내고자 하는 민족의 굳은 의지가 담겨 있다.

「애국가」2절은 '소나무 노래'라고도 할 수 있을 것이다.

흔히 일본 소나무는 곧고 한국의 솔은 굽었다고 말한다. 그래서 '소나무 망국론'까지 주장하고 나선 사람들이 있었다. 하지만 사실은 전혀 다르다.

본래 한국 솔의 형질이 나쁜 것은 결코 아니었다. 일본인은 좋은 소나무는 모두 남겨두고 굽고 나쁜 형태의 솔을 먼저 베어 썼지만, 한국인은 곧고 오래되어 좋은 솔부터 먼저 베어 썼다. 왕과 양반 사대부, 세도가와 부자들이 앞다퉈 좋은 솔을 베어 썼다는 것이다. 남은 것은 모조리 굽고 비틀어진 것들뿐이었다. 남은 소나무들은 다른 나무들이 살지 못하는 척박한 산성 토양에서 살아남기 위해 가지가 휘도록 종자 주머니 솔방울을 애처롭게 매단 채 벼랑 끝에서 눈보라와 태풍을 맞고 있다.

좋은 것은 모조리 탕진해버리고, 오래된 것은 업신여겨 내팽개쳐버린 한국인의 뒤틀린 문화의 척도를 꾸짖는 소나무는 한국 역사의 나무이자 정신의 숲이라고는 말하지만, 그것을 꾸짖음으로 여길 한국 사람이 남아 있기는 한 것일까.

다시 「애국가」2절의 '남산'과 '소나무'라는 노랫말을 정신 바짝 차리고 천천히 살펴보자. 그런 다음 『시경』「소아」 '천보'를 다시 읽어보고 또 살펴보자. 「소아」의 '아'雅는 우리말로 아악雅樂이다. 또한 '아'는 자연발생적으로 자리 잡은 '풍'風과는 많은 차이가 있다. '풍'에 비하여 보다 개성이 뚜렷하고 궁중의 공식 음악인 까닭으로 '풍'과 같은 소박함이 덜하며 세련된 맛이 있다. 그 내용에서도 '풍'이 인간의 애정을 주로 노래하고 있는 것과 달리 도의道義와 정치를 노래하고 있다.

「소아」는 군대를 전쟁터로 보낼 때와 환영할 때 군악軍樂으로 쓰였고, 농사철 축제의 노래, 주나라 사대부들이 시대를 걱정하고 풍자하는 심각한 내용을 담고 있다. 정치 모순을 지적하거나 울분을 노래함으로써 백성의 고달픈 삶을 호소하여 왕의 마음을 움직여서 옳은 정치를 하도록 했다.

또한 '아'는 모두가 조정에서 왕을 가까이서 보좌하는 신하들이나 사대부들이 지은 것이 조정의 악사들에 의해 기록되어 전해진 것들이므로 그 내용이 매우 정확할 뿐만 아니라 왕의 생각, 행동, 건강, 정치적 소망을 담고 있다. 특히 '아'는 서주기원전 771년 이전에서 동주시대기원전 770년 이후로 접어들어 춘추전국시대가 열리면서 지식인과 민중의 사이가 점점 멀어지기 시작하고 소통이 막히자 왕이나 제후가 측근에 의해 과오를 점점 많이 저지르게 되었고, 이를 사대부들이 걱정하게 되었음을 보여주고 있다.

「소아」 '천보' 또한 하늘이 왕을 돕고 있음을 여러 가지로 비유하여 왕을 축복하는 노래다. '남산'은 국가를 비유한 것이다. 초승달에서 반달을 거쳐 보름달로 차오르듯이 점점 번성하며, 동쪽에서 아침 해가 떠올라 한낮 정오를 향하여 힘차게 솟아오르듯 주변 이민족들을 호령하고 제압하면서 통일국가를 완성함으로써 주나라가 영원하기를 축복하고 있다. 결코 쇠약해지거나 멸망하지 않으리라는 염원을 담았다.

'소나무'는 사계절 푸르고 솔씨를 많이 퍼뜨려 모든 산이 소나무로만 울창해지는 매우 강한 독점력과 지배력을 지녔다. 그래서 소나무 아래는 다른 나무들이 자라기 어렵다. 소나무의 식물적 특성처럼 왕의 자손들이 번창하여 대통이 끊이지 않을 것임을 소망하고 있다. 이 소망은 인간의 뜻이 아니라 하늘의 뜻이며, 그 뜻이 제사에서 무당을 통하여 내려졌고, 이를 궁중 악사가 기록하여 남긴 것이라고 보고 있다.

'천보'에는 주나라의 정치적 지향점과 통치 방식이 녹아 있다. 주나라 이후 2,000년 동안 진秦 · 한漢 · 진晉 · 수隋 · 당唐 · 송宋 · 명明나라가 이어받은 이른바 중화민족의 역사와 전통의 핵심이 상징과 비유의 힘으로 응축되어 있다.

가부장제, 장자상속제도, 종가종법제도를 유지시키기 위한 실천 규범으로 등장한 것이 여성에 대한 제도였다. 남존여비男尊女卑, 삼종지도三從之道, 개가改嫁 금지, 칠거지악七去之惡 등이 대표적인 예다. 중국 역사와 전통의 신성을 상징해온 천자와 천자의 정치적 권위를 상징하는 종묘와 제사, 정사를 돌보는 대궐과 왕실의 거처, 그리고 유교의 정신을 담고 있는 향교와 사대부들의 사당은 모두 소나무로 지었다. 이들 모두는 '남산'과 '소나무'를 궁극적 이상향이자 최고의 도의道義를 담보하는 상징으로 삼고 있다.

조선조는 중국의 이와 같은 '남산'과 '소나무' 정신을 중국보다 더 중국적으로 실현하는 데 500년이라는 시간을 바친 유일한 왕조였다.

20세기가 시작되면서 조선조는 일본의 식민지로 무너졌다. 조선조 말기 갑오경장1894년 이후부터 이른바 「애국가」라는 노래가 등장했다. 국가國歌는 한 나라를 상징하는 국가적 차원의 공식적인 노래인 데 비하여, 「애국가」는 공식·비공식 여부를 떠나 나라를 사랑하는 내용을 담은 노래라는 점에서 구분된다. 우리나라 「애국가」는 여러 가지가 있는데, 그중 국가로 제정된 「애국가」는 나라를 상징하는 의식 음악으로서의 구실을 하게 된다.

1896년 무렵 여러 지방에서 불린 「애국가」는 10여 종류다. 우리나라는 1876년 일본과의 병자수호조약, 1882년 미국, 1884년 영국·독일·이탈리아, 1889년 러시아·프랑스, 1892년 오스트레일리아·덴마크, 1901년 벨기에 등과 조약을 맺었다. 세계열강과 문호를 개방하고 새로운 문물을 경험하게 되자 개화에 눈을 떠갔다. 이때부터 나라사랑과 내 나라에 관한 애국사상이 새롭게 생겨나면서 1896년 나필균의 「애국가」를 필두로 제물포 전경택의 「애국가」, 한명원의 「애국가」, 유태성의 「애국가」, 달성 예수교인들의 「애국가」, 새문안교회의 「애국가」, 최병희의 「애국가」, 평양 김종섭의 「애국가」, 배재학당 문경호의 「애국가」, 이용우의 「애국가」, 배재학당의 「애국가」 등 「애국가」가 곳곳에서 생겨났다.

오늘날 대한민국 국가로 불리는 「애국가」는 1936년 안익태安益泰가 작곡한 것인데, 노랫말을 지은 이로는 윤치호·안창호·민영환

등의 이름이 거론되었지만 어느 한 사람의 작품이라고는 공인되지 않고 있다. 이「애국가」는 1936년 베를린 올림픽에 참가한 한국 선수단과 안익태가 함께 불렀는데「애국가」가 국제 행사에서 연주된 최초의 일이었다.

　문제의 저 '남산'과 '소나무'가 등장하는 것은 안익태 작곡의「애국가」뿐이다. 작곡 당시는 일제 식민지 지배 아래 참혹한 탄압과 민족말살정책의 고통을 겪으며 나라 안팎에서 처절한 독립 투쟁이 벌어지던 때였다. 누군가, '남산'과 '소나무'가 등장하는 노랫말을 지으면서『시경』의「소아」 '천보'에 기록된 '남산'과 '소나무'의 의미를 알고 있었으며, 장중하고 신성한 국가의 필요성과 번영을 이끌어갈 지도자의 중요성을 강조하기 위하여『시경』의「소아」 '천보'의 그 '남산'과 '소나무'를 인용했는지를 확인할 수 있는 어떤 증거도 존재하지 않는다.

　하지만 1930년대에 놓여 있던 절망적 상태와 암울하고 폭력적인 압제의 위력을 극복할 만한 구체적 방법이 없었고, 국제적으로도 거의 알려지지 않은 동아시아의 작고 가난하며 무지한 민중들로 구성된 한국이었기 때문에 종교적 구원에라도 매달려야만 간신히 숨을 쉴 수 있었다. 그래서 민간에 널리 알려지고 불렸던 10여 종류의「애국가」노랫말 가운데는 '놉흐신 샹쥬님 ᄌ비론 샹쥬님', '오 쥬여', '단군쥬 폐하 만세' 등 유달리 하느님을 뜻하는 말들이 공통적으로 쓰였다.

　1904년 5월 13일자『황성신문』에는 다음과 같은 글이 실렸다.

학부學部에서 각 학교 애국가를 정리하기 위하여 각 학교에 신칙申飭하되, 군악대에서 조음調音한 국가를 효방效倣하여 학도를 교수하라 하난대, 그 국가는 여좌如左하니,

상제上帝난 우리

황제皇帝를 도우소서

성수무강聖壽無疆호샤

해옥주海屋籌를 산山갓치 소으소서

위권威權이 환영寰瀛에 떨치샤

어천만세於天萬歲에

복록福祿이 무궁케 호쇼셔

상제난 우리 황제를 도으쇼셔

이 노랫말은 매우 흥미롭고 유익한 정보를 제공하고 있다. '상제'는 '천'天이니 곧 하늘, 하느님이다. '해옥주'는 '해옥주첨'海屋籌添이라는 고사에서 연유한 말로 오래 살기를 기원할 때 쓴다. '해옥'은 신선이 사는 바닷속 집이다. 송나라 소식蘇軾의 『동파지림』東坡志林 「삼노어」三老語에 이런 일화가 실려 있다.

"일찍이 어떤 세 노인을 만났다. 어떤 사람이 나이를 물었다. 한 노인이 말했다. '바다가 변해 뽕나무가 될 때마다 살대 한 개씩 쌓아두었는데, 요즘 그 살대가 나의 열 칸 집에 가득 찼다'." 세월이 오래 흘렀다는 뜻으로 장수를 상징하는 말이다. 뒷날 이를 빌려서

'해옥주를 더하십시오'라는 뜻으로도 쓰였다. 이는 결국 '천보'가 상징하는 천자의 장수와 국가의 번영, 자식의 번성을 기원한 내용을 다른 말로 표현하고 있다 할 것이다.

이 같은 「애국가」가 나온 지 30여 년 뒤에 다시 만들어진 안익태 작곡의 「애국가」 노랫말에 쓰인 '남산'과 '소나무'는 여러 가지의 생각과 번민 끝에 '천보'의 이미지를 인용한 것이 아닐까 여겨지기도 한다. 하지만 오늘날 이 자리에서 다시 생각해보면 아쉬움과 슬픔이 고인다. 주체의식이라 해도 좋고, 「애국가」 대신 「임을 위한 행진곡」을 부르는 사람들의 마음을 알 것 같다는 말이라 해도 좋다. 왜 주나라 왕실의 소나무를 대한민국의 정체성으로 삼았는가 말이다. 이때의 소나무는 그냥 소나무가 아니라, '네 이놈! 정신 차려라 이놈!' 하고 소리치시는 소나무 사람이다.

월남 이상재 선생의 응접실

한때 우리나라에 '소나무 망국론'이라는 주장이 있었다. 일제강점기 때 제기된 이 해괴한 주장은 다음 글을 잘못 이해한 데서 비롯된 것이었다.

소나무는 지력이 약한 곳에서도 자라고 건조한 땅에서도 잘 견딘다. 산은 원래 비옥하고 풍요한 곳이다. 따라서 자연의 이치대로 말한다면 소나무가 아닌 다른 나무가 산을 차지하고 있어야 옳다고 할 수 있다. 그러나 인간이 자연의 숲을 파괴한다면 지력이 낮아지게 되고 자연히 소나무가 들어오게 된다. 오늘날 국세가 부진한 나라는 일반적으로 황폐되어 있기 때문에 그곳에는 소나무밖에 생육하지 못하며, 따라서 소나무의 번성은 국세가 쇠약해 있음을 말해준다. 다시 말해서 소나무는 그 나라의 지력이 척박하다는 것을 나타내는 지표인 것이다. 만일 인간이 자연을 더욱 파괴한다면 결국 사막으로 변하고 말 것이다.

1922년 일본의 임학자 혼다 세이로쿠本多靜六가 『동양학예잡지』에 「일본 지력의 쇠퇴와 적송」이란 제목으로 발표한 글이다. 솔이 많은 한국은 국운이 기운 것은 물론이고 산의 지력까지 쇠진하여 희망이 없으므로 일본의 속국이 될 수밖에 없다는, 솔을 이용한 친일론이 바로 '소나무 망국론'이었다.

이러한 주장은 한국의 솔이 한국인의 정신세계와 의식에 미친 영향이 얼마나 오래되고 큰지를 파악한 자들의 간교한 술책이기도 했다. 솔의 이미지를 손상시킴으로써 한국인의 정신세계와 의식을 뒤흔들자는 치밀하고 비굴한 발상이었는데, 친일의 다채롭고 다양한 형태를 말해주기도 한다. 앞에 인용한 글에서 펴고 있는 논리대로라면 소나무가 국가의 운세를 쇠약하게 만든 원인이 아니라 국가의 힘이 쇠약해진 나머지 땅의 기운도 급격하게 떨어졌고 그 결과로 소나무가 확산되었다고 해야 옳다.

소나무 망국론은 앞의 글 중에서 "국세가 부진한 나라는 일반

강희언, 인왕산도, 종이에 담채, 24.6×42.5cm, 이용희 소장.
전통적 기법과 구도를 의식하지 않고 자신의 독특한 형식을 창조해낸
그림이다. 수묵의 농담과 점묘에 의한 입체감의 표현으로
한국 산수의 특질을 보여주고 있다. 이 같은 실경산수의 발달은
틀에 박힌 정형에서 화가의 개성을 요구하는 시대정신에 따른 변화로 보인다.
그림 오른쪽 위에는 '늦은 봄에 도화동에 올라 인왕산을 바라보다'
(暮春登桃花洞望仁王山)라고 씌어 있다.

적으로 황폐되어 있기 때문에 그곳에는 소나무밖에 생육하지 못하며, 따라서 소나무의 번성은 국세가 쇠약해 있음을 말해준다"는 구절만 두고 그 앞과 뒤의 문장을 지워버린 뒤 한국의 불리한 현실을 확대시키기 위한 선동 방법으로 내세웠던 것이다.

소나무 망국론이 한창 기세를 올리고 있던 1926년 여름이었다. 일본의 저명한 정치가로 '일본 의회 정치의 아버지'로 칭송받으며 25번이나 중의원의원을 지낸 오자키 유키오尾崎行雄가 월남月南 이상재李商在, 1850~1927 선생을 찾아왔다. 오자키 의원은 당시 일본 정치권의 양심으로도 통하는 인물이었다.

월남 선생은 1881년 신사유람단의 수행원으로 처음 일본을 여행했다. 일본의 신흥문물과 사회의 발전상에 큰 충격을 받고 귀국하여 개화운동에 참여했다. 갑신정변에 가담하기도 했고, 1887년 초대 주미공사 2등서기관을 거쳐 신교육제도 창안에 참여했다. 사범학교·중학교·소학교·외국어학교를 세우고, 외국어학교 교장을 맡기도 했다. 1896년 독립협회 조직, 만민공동회 의장 겸 사회자, 1902년 국체개혁당사건 가담, 조선 YMCA 명예총무, 3·1독립만세운동 가담, 신간회 창립과 회장 등을 거치면서 나라의 청년운동을 이끌었다. 풍자와 기지가 넘쳐 차원 높은 해학으로 살벌한 사회 분위기를 순화시켰다. 일제의 침략과 불의를 날카로운 풍자와 경구로서 제어하는 삶을 산 분이었다.

오자키는 당시 한국의 민족지도자들을 두루 방문하던 중 월남 선생을 만나보고 싶어했다. 그는 월남 선생을 요정으로 초청했지만 거절당했다. 그러자 그는 다시 사람을 보내 요정으로 초청한 일을 사과하면서 댁으로 찾아뵙겠으니 허락해달라고 했다. 선생은 그제야 승낙하셨다.

오자키는 정해진 시간에 통역만 데리고 걸어서 가회동 언덕에 있는 선생의 납작한 초가집을 방문했다. 월남 선생은 그때 일흔을 넘긴 백발이었다. 문간까지 나와 손님을 맞은 선생은 손님을 마당에 세워놓고 잠시 안으로 들어갔다. 잠시 뒤 헌 돗자리 한 장을 말아서 옆에 끼고 나오며 "자, 우리 응접실로 갑시다" 하고 말씀하셨다.

선생은 돗자리를 말아 들고 앞장을 섰다. 집 뒤에 있는 산으로 올라가면서 손님을 돌아보면서 의미 있는 웃음을 지어 보였다.

한참 올라가자 아름드리 솔 한 그루가 보였다. 소나무 아래엔 널찍한 바위도 있었다. 선생은 솔 그늘 너럭바위 위에 돗자리를 폈다. 통역과 손님을 나란히 앉게 하고 선생은 아름드리 솔을 등진 채 꼿꼿이 앉았다. 두 사람의 얘기는 여러 시간 격의 없이 오갔다. 그때 선생은 민족주의 진영과 사회주의 진영이 공동의 적인 일본과 투쟁할 것을 목표로 신간회를 조직하려던 한국사회에서 가장 존경받는 어른이었다.

오자키는 일본에 돌아가서 이런 기록을 남겼다.

조선에 가서 무서운 영감을 만났다. 돈이든 영예든 현실적인 이익에는 꿈쩍도 않는 지독한 민족주의자였다. 무엇보다 그가 나를 데려간 뒷동산의 몇 아름 되어 보이는 소나무 밑에 꼿꼿이 앉아서 일본의 침략을 꾸짖는 그의 모습은 한마디로 존경스러웠다. 그는 세속적인 인간이 아니라 몇백 년된 소나무와 한몸인 것처럼 느껴졌다. 시간이 갈수록 그가 나를 그곳으로 데려간 목적에 짓눌리는 느낌을 강하게 받았다.

솔 벤 자리에 솔 심는다

임학자들의 견해에 따르면 한반도는 원래 낙엽활엽수림지대였다. 농경생활이 시작된 뒤부터 소나무 숲으로 바뀌기 시작했음이 화분花粉 분석의 결과로 입증되었다. 농경의 시작이 자연 파괴의 서곡이었다는 말이다. 산에 불을 질러 화전을 일구고, 산에서 나는 활엽수 가지를 잘라 퇴비를 만들어 농경지 땅심을 북돋우다 보니 졸참나무, 떡갈나무, 갈참나무, 물푸레나무 들이 수난을 겪으면서 줄어들게 된 것이다. 특히 고구려 시대부터 온돌문화가 정착되면서 활엽수들은 땔감으로 이용되어 숲은 급격히 줄어들고 파괴되기 시작했다.

농업이 국가의 주된 산업으로 자리 잡자 농경지 부근은 차츰 척박한 토양으로 변했고, 사람들은 척박한 땅에서 잘 자라는 소나무를 더 소중히 여기게 되었다. 한국인의 조상들은 소나무는 좋은 나무이고 집을 지을 수 있는 좋은 재목으로 여기면서 잡목은 그저 땔감이나 퇴비용으로밖에 생각하지 않게 되었다. 그래서 솔숲은 아끼고 솔을 벤 자리엔 다시 솔을 심어 가꾸었지만 활엽수는 심거나 가꾸는 일이 거의 없었다.

우리나라의 화분을 분석한 결과 6,000년 전에는 활엽수림지대였다. 농경이 시작되자 호남지방에서는 약 3,000년 전부터 소나무가 증가하기 시작했고, 영남지방에서는 2,000년 전부터 소나무 숲으로 바뀌었다. 결국 솔은 우리나라의 농경문화와 그 역사를 같이하는 민족의 나무임이 입증된 셈이다.

20세기 초반부터 일본 제국주의의 침략이 시작되었는데, 그들이 가장 먼저 욕심 낸 것이 한국의 솔이었다. 일제가 침략해 오기 전만 해도 우리나라에는 7억 제곱미터의 땅에 임목이 있었으나 일제 36년 동안에 약 5억 제곱미터의 임목이 벌채되어 일본으로 실려 갔다.

해방 후 1964년 농림부로부터 지리산의 고사목 4,154그루를 베어내는 허가를 얻은 한국인 업자가 2만 그루 넘게 벌목해버림으로써 지리산에서 솔숲이 파괴되고 지금은 제대로 자란 솔이나 솔숲을 보기 어렵게 황폐화되었다. 한국의 솔은 우리나라에서 가장 광범위하게 분포되어 있는 나무로서 전체 삼림 면적의 약 30퍼센트를 차지하고 있다.

한국의 솔은 흔히 부르는 '소나무'와 '곰솔' 두 종류로 크게 나뉜다. 소나무는 가장 대표적인 수종으로 육송·적송·반송·금강송·미인송·황장송 등으로 불린다. 한반도 북단 고원지대를 제외하고는 거의 전역에서 자라며, 중국과의 국경을 넘어 만주 동쪽 지

경남 의령 성황리 소나무, 천연기념물 제359호.
300세가 넘은 이 소나무 옆에는 비슷한 크기의 소나무가
한 그루 더 있는데, 서로 가지가 닿으면 나라에 큰 경사가 생긴다는
신비한 전설을 간직하고 있다. 1945년 광복을 맞이했을 때
두 나무의 가지가 맞닿았다.

역에도 분포되어 있다. 주로 볕이 잘 드는 양지에서 잘 자라는데 다른 나무가 섞이지 않고 소나무들끼리만 숲을 이루는 특성이 있다. 솔숲의 이 같은 특성이 한국인의 정체성과 단결성, 이민족에 대한 배척과 차별 기질과 어떤 관계가 있는 것은 아닌지 자못 궁금한 일이기도 하다.

곰솔은 흔히 해송海松이라고도 불리며 경기도 남양에서 서해안을 따라 남해안을 거쳐 동해안의 울진까지 분포하는 바닷가의 수종으로서 일본의 해안에도 고르게 분포되어 있다. 특히 곰솔은 해안의 바람과 소금기에 견디는 힘이 강하기 때문에 바닷가나 바다 인접지에 방풍림으로 많이 심어왔다. 곰솔과 소나무가 겹쳐서 분포되어 있는 지역에서는 두 수종 간의 교잡이 일어나 잡종이 생기기도 한다.

한국의 솔을 최초로 체계화한 것은 일본의 식물학자 우에키 교수였다. 그는 한국 솔을 생김새에 따라서 처음으로 형태를 분류했다. 동북형東北型·금강형金剛型·중남부 평지형中南部平地型·위봉형威鳳型·안강형安康型·중남부 고지형中南部高地型으로 나누었다. 그중 태백산맥을 중심으로 한 강원도와 경북에 분포하는 솔을 금강송이라 이름 지었다. 금강송은 흔히 강송剛松 또는 춘양목春陽木으로 불리는 매우 품질이 빼어난 솔을 말한다.

마을 이름 중에서 소나무 송松 자가 붙은 지명은 참으로 많고 전국토 곳곳에 널리 분포되어 있다. 지난날 우리나라에는 솔이 울창했고, 그 솔과 솔숲이 있는 풍경 속에서 선조들이 살았음을 보여주

김석신, 도봉도, 종이에 담채, 36,8×53,6cm, 이용희 소장.
도봉도는 당시의 명류였던 이재학, 서용보 등의 「도봉산책시첩」
첫머리에 붙였던 그림이다. 도봉산을 실사한 실경산수이며
그의 사생 실력을 보여준 작품이다.

경남 함양 목현리의 구송, 천연기념물 제358호.
300년이 된 이 소나무는 밑부분이 아홉 갈래로 자라면서
'구송'(九松)이라 불리게 되었는데 그 중 두 개는 죽고
지금은 7가지만 남아 있다.

는 것이다.

아직도 송 자가 들어 있는 지명이 그대로 남아 있는 곳이 많지만 이제는 땅의 이름만 남고 솔과 솔숲은 흔적도 없는 곳이 더 많다. 농촌이 도회지로 변질되는 과정에서 도로가 뚫리고 주택지가 확장되면서 인위적으로 숲이 파괴되고 공해와 병충해로 소나무가 죽어갔기 때문이다.

솔과 솔숲이 섰던 자리에 들어선 빌딩, 빌딩숲, 고속도로 또는 러브호텔과 술집들 어디에서도 솔바람 소리며 솔그늘 아래서 바라보며 생각하던 자연의 아름다움은 찾아보기 어렵다.

소나무와 한국인은 일란성 쌍둥이

반송동盤松洞 하면 둥근 꽃송이처럼 자란 반송이 길게 그늘을 드리우고 있는 모습을 떠올리게 된다. 운송리雲松里는 흰 구름을 머리 위에 얹고 서서 두 팔 벌려 번뇌 많은 인간을 껴안아주는 솔을 연상시키기도 한다. 죽송리竹松里는 대와 솔이 많은 동네, 장송리長松里는 몇 아름드리 솔이 울창하게 자라는 솔숲이 있는 곳, 어송리魚松里 하면 바닷가의 솔숲이 떠오른다.

송 자가 첫 음절에 들어 있는 지명, 즉 송강리·송계리·송지리·송곡리·송호리가 있는가 하면 두 번째 음절에 들어 있는 청송리 같은 이름도 있다. 이런 이름들은 예외 없이 그 지역이 솔과 깊은 인연이 있었음을 말해준다. 1961년도에 발간된 『대한민국지도』사서출판사에 나와 있는 마을 이름 중에서 첫 음절이 '송'인 마을은 모두 619군데였다전남 85, 충남 65, 황해도 62, 함남 1, 경북·평북 각각 59, 경기·평남 각각 55, 강원 47, 경남 37, 함북 33, 전북 31, 충북 27, 제주 2, 서울 1. 대표적인 이름 몇 개만 살펴보면 솔숲이 있는 송림松林·송계·송강·송곡·송월·송전·송정·송천·송평·송학·송화·송현 등이다.

'송' 자가 중간에 들어 있는 지명은 솔과의 관계가 더욱더 선명하다. 오래된 솔이 있다 하여 고송리枯松里, 멋진 솔이 있는 가송리佳松里, 늙은 솔의 노송리老松里, 큰 솔의 대송리大松里, 덕망 있는 솔의 덕송리德松里, 솔향기 나는 방송리芳松里, 솔 세 그루가 있는 삼송리三松里, 다섯 그루 있는 오송리五松里, 두 그루 있는 쌍송리雙松里, 검은 솔의 흑송리黑松里 등이 그렇다.

참으로 솔의 나라요, 솔이 곧 한국인이며, 솔과 한국인은 일란성 쌍둥이다. 그래서 솔이 병들면 시대와 인간이 동시에 불행하고, 솔이 청정하면 함께 푸른 자연이 되어 빛나는 것이라고 믿었다. 솔은 오랜 세월 한국인의 이상이요 정념의 푯대였다. 어느 한 순간도 그 자리에서 벗어나지 않았다. 비록 선 자리가 천심절벽千尋絶壁 돌벼랑 위일지라도 사뭇 의젓한 자태를 흐트러뜨리지 않았다. 폭풍우로 뿌리를 훈육하여 눈보라에 머리 감고 아스라이 선 벼랑에서 땅과 하늘을 동시에 사는 용이 되는 것이라고 믿었다.

'송' 자와 결합하여 만들어진 말들 또한 솔과 우리 민족의 인연을 잘 드러내 보여주고 있다. 솔밭 사이는 송간松間, 소나무로 만든 사립문은 송관松關, 솔뿌리는 송근松根, 솔이 서 있는 낮은 언덕은

눈 오는 날 소나무.
겨울이 되면 소나무 세포에는 프롤린(proline), 베타인(betaine) 같은
아미노산과 수크로스(sucrose) 등의 당분이 늘어나면서
얼음 핵이 생기는 것을 억제한다. 그런 덕에 소나무는
한겨울 추위에도 끄떡 없이 푸르름을 뽐낸다.

송단松檀, 솔과 잣나무는 송백松柏, 소나무에서 이는 바람소리는 송풍松風·송도松濤, 솔이 서 있는 벼랑은 송애松崖, 솔그림자는 송영松影, 솔밭 속에 세운 정자는 송정松亭, 소나무가 비치는 창문은 송창松窓, 소나무 아래는 송하松下, 그 밖에 솔가지·솔불·송기떡·낙락장송·솔나리·솔나물·솔붓꽃·솔새·솔장다리·솔비나무·솔이끼·송악·애기솔나물·송나 등 참으로 많기도 하다.

저 벼랑 위에 조용히 서 있는 솔은 겨울 여름 없이 한결 푸르다. 그 푸르름은 해마다 닥치는 된서리와 눈보라 이겨내고서야 살아 있는 빛이 된다. 솔 푸르름은 시대를 뼈저리게 느꼈기에 생명 얻은 것이다. 비열한 회피, 옹졸한 변명, 냉소적 회의로는 푸르른 생명의 힘에 도달하지 못한다. 공허한 달변으로 위장한 서푼어치 학문 따위로는 감히 솔을 입에 담아서는 안 된다. 누가 감히 청빈을 말할 수 있는가.

송풍라월의 슬픈 전설

1989년 중국 옌볜의 조선민족사에서 펴낸 『백두산 전설』에는 백두산에서만 자라는 미인송에 대한 전설이 실려 있다.

미인송은 세계의 모든 소나무 가운데 가장 키가 크고 아름답다 하여 붙여진 이름이다. 미인송에서 생겨난 설화문학의 주인공은 송풍松風이라는 청년과 라월蘿月이라는 처녀다. '송풍라월'은 원래 솔가지 사이로 부는 바람과 덩굴 사이로 비치는 달빛을 뜻하

백두산의 미인송. '송풍라월'(松風蘿月)의 슬픈 전설을 간직하고 있다.

지만 옛사람들은 이 말을 미인송의 전설을 품은 선남선녀로 바꾸어놓았다.

백두산 북쪽 안도현 복흥 이도백하 마을 어귀에는 송풍라월이라 부르는 미인송 숲이 있는데, 이 숲은 이 마을에 살았던 송풍과 라월의 애절한 사랑의 화신이다. 둘은 어려서부터 한 마을에서 자랐다. 송풍은 건강한 청년이 되고 라월은 마음씨 곱고 예쁜 처녀가 되었다. 삼월 보름 달빛이 백하강 물살을 은빛으로 쏟아내리던 날 밤, 두 사람은 장차 부부가 되자는 언약을 맺었다.

찢어지게 가난하여 해마다 마을의 부자이자 이장인 구호에게서 빌린 곡식과 빚으로 고통 받기는 두 집 다 마찬가지였다. 마을 이장 구호는 라월의 미모를 남몰래 탐했다. 애첩으로 들여앉힐 궁리를 하던 중 라월이 송풍과 가까이 지낸다는 소문을 듣자, 구호는 두 사람을 강제로 떼어놓을 꾀를 짜냈다. 송풍에게 1년 동안 성 쌓는 부역을 떠맡기면서 부역이 싫으면 밀린 빚을 즉시 갚으라고 한 것이다. 부역을 떠나기 전날 밤 송풍과 라월은 백하강 기슭에서 몰래 만났다. 이승에서 함께 살지 못하면 저승에서라도 부부가 되자는 언약을 확인하며 둘은 애절하게 울며 포옹했다.

송풍이 떠나자마자 구호는 중매꾼을 라월에게 보내 자신의 첩이 되도록 회유하기 시작했다. 라월은 그때마다 중매꾼을 따돌리며 1년을 버텼다.

1년 뒤 다른 부역꾼들은 다 돌아왔지만 송풍만은 오지 않았다. 며칠 뒤 송풍이 성을 쌓다가 돌에 치여 죽었다는 소문이 들려왔다.

그러자 중매꾼은 매일같이 라월을 찾아와 구호의 첩이 될 것을 종용하기에 이르렀다. 죽은 사람 기다리지 말고 팔자 고치라고 권한 것이다. 그래도 라월이 거절하자 구호는 최후의 수단으로 밀린 빚을 독촉했다. 빚을 갚지 못하면 종으로 잡아가겠다고 협박했다.

구호는 그의 머슴들에게 꽃가마와 오랏줄을 들고 가서 라월에게 어느 쪽을 택하겠느냐고 밀어붙이도록 시켰다. 애첩이 되면 꽃가마에 태울 것이고, 거절하면 오랏줄에 묶어 끌고 오겠다는 것이었다.

라월은 하룻밤만 기다려달라고 애원했다. 달빛이 교교하게 흐르는 밤, 라월은 새 옷으로 갈아입고 송풍과 언약했던 백하강 기슭으로 갔다. 바위 위에 물 한 그릇 떠놓고 절을 올리면서 홀로 송풍과 혼인을 맺는 의식을 치렀다. 그러고는 강물에 몸을 던졌다.

라월의 주검은 백하강 물굽이를 몇 번 돌다가 이도백하 마을 어귀에 떠밀려왔다. 백하강도 슬피 울며 부드러운 모래와 흙을 실어다 라월의 주검을 덮어 밋밋한 무덤을 만들어주고는 다시 제 갈 길로 흘러갔다. 무덤 위에서 솔 한 그루가 솟아났다. 라월이 죽은 지 3년 뒤에 송풍이 돌아왔다. 성을 쌓다 돌에 치여 죽다 살아났지만 그 돌이 워낙 커서 온전한 몸이 아니었다. 제대로 걸을 수도 없는 몸으로 기다시피 해서 돌아온 고향에서 라월의 죽음 소식을 접한 송풍은 목 놓아 울었다.

송풍은 라월과 언약을 맺었던 강변으로 나갔다. 강물 소리도 통곡으로 변했다. 마을 사람들이 알려준 대로 라월의 무덤을 찾아갔다.

무덤 위에는 미인송 한 그루가 하늘을 향해 자라고 있었다. 송풍은 미인송을 끌어안고 울다가 늦은 밤 마을로 돌아왔다. 혼신의 힘을 다해 구호의 집에 불을 질렀다. 화염에 휩싸이는 광경을 지켜보던 송풍은 큰 소리로 웃으면서 라월의 묘지로 향했다.

라월을 부르면서 미인송을 끌어안은 송풍은 붉은 피를 토하며 죽었다. 송풍의 주검에서 안개가 피어오르기 시작했다. 안개는 미인송을 휩싸며 빙빙 돌다가 하늘로 천천히 올라갔다. 그 뒤로 미인송은 쑥쑥 자랐다. 가지마다 주렁주렁 솔방울이 맺히고 익어서 솔씨들이 바람에 흔들려 사방으로 퍼졌다. 송풍의 피는 미인송의 몸이 되고 라월의 사랑은 푸른 잎을 피웠다.

한 그루 소나무가 된 피티스

백두산 미인송 전설과 사촌쯤 되는 전설은 그리스 신화에도 있다. 몹시 슬프면서도 아름다운 사랑 이야기가 그리스의 소나무 전설로 전해지고 있다.

전설의 주인공은 요정 피티스다. 피티스는 목신牧神 판의 매력에 끌려 사랑에 빠졌다. 그런데 피티스를 짝사랑하는 자가 있었다. 북풍의 신 보레아스였다. 보레아스는 피티스가 판을 절절하게 사모한다는 것을 알고 나자 폭풍처럼 끓어오르는 질투의 화염에 휩싸였다.

보레아스는 피티스에게 사랑을 고백했지만 피티스는 눈길도 주지 않았다. 금방이라도 폭발할 것 같은 감정을 가까스로 억제하면서 몇 차례 더 회유하다가 협박도 해보았지만 돌아오는 것은 냉랭한 거절뿐이었다.

보레아스는 더 이상 참을 수가 없었다. 피티스를 끌고 산으로 올라갔다. 마지막으로 애원하기 위해서였다. 하지만 판을 향한 피티스의 사랑은 변하지 않았다. 보레아스는 극단적인 좌절감에 휩싸여 울부짖다가 결국 피티스를 밀쳐버리고 말았다. 절벽 위에 서 있던 피티스는 아스라한 벼랑으로 굴러 떨어졌다.

팔다리가 부러진 가련한 피티스는 죽어서 한 그루 소나무가 되었다. 소나무로 변한 뒤에도 부러진 가지를 애처롭게 지니고 있었다. 부러진 가지가지에서 맑은 송진 방울이 뚝뚝 떨어졌다. 피티스가 젊은 시절과 사랑했던 사람, 특히 판을 생각하면서 남몰래 혼자 흘리는 눈물이었다.

또 다른 그리스 신화에는 흔히 바쿠스로 불리는 주신酒神 디오니소스와 솔방울에 대한 이야기가 있다. 솔방울을 손에 쥐고 있는 디오니소스가 태양의 신 타이탄에게 잡아먹혔다가 소생하는 내용이다. 이때의 솔방울은 식물적 삶의 영속성, 즉 재생 또는 소생을 상징한다. 솔방울은 죽었다가도 다시 살아난다는 신의 몸[神體]을 상징하기 때문이다. 또한 풍요와 다산多産의 여신인 키벨레가 소나무의 여신이라는 신화도 있다.

이렇듯 유럽의 솔은 여성을 상징하면서 순결한 사랑, 변하지 않

충북 보은군 속리산 정이품소나무. 천연기념물 제103호.
고려시대나 중국 진(秦)나라 때에도 소나무에
작위를 주었다는 일화가 전해 내려온다.

는 사랑에 대한 굳센 믿음과 동경, 풍요와 다산을 상징하는 건강한 어머니로 자리매김했다. 우리나라는 반대로 솔이 남성의 상징물로 자리 잡고 있다.

성주신의 성주가 그 집의 남자 어른을 뜻하는 것이 그 첫 번째다. 그리고 소나무의 신이성神異性에 얽힌 내용도 모두 남자들과 관계가 있다.

속리산 법주사 입구의 정이품송과 결부된 세조나, 강원도 영월의 장릉 주위에 있는 소나무들이 애도하는 단종도 분명 남자다.

임진왜란 때 왜적들이 강릉을 공격하고 있었는데, 느닷없이 나타난 조선 군사들과 그들이 식량으로 쓸 노적가리를 보고 왜적들이 기겁하여 스스로 물러난 일이 있었다. 하지만 이것은 대관령 산신이 팔송정의 소나무를 노적가리와 군사 모습으로 둔갑시켰기 때문이다. 사람들은 이때의 대관령 산신이 김유신 장군의 영혼이라고 믿었다.

꿈에 솔을 보면 벼슬할 징조라는데 벼슬은 곧 남성들의 전유물이었다. 꿈에 솔이 무성하면 집안이 번성하리라는 것을 암시한다. 집안의 번성은 건강한 아들을 많이 낳아 기르는 것을 뜻했다.

『삼국유사』에 "환웅이 무리 3천을 이끌고 태백산 꼭대기 신단수 밑에 내려와 여기를 신시神市라 이르니 이가 환웅천왕이다"라고 했다. 여기서 말하는 신단수가 곧 솔이며, 무리 3천을 이끌고 온 환웅은 남자였다.

솔과 환웅, 이 둘은 곧 우리 민족의 심성 속에 자리하고 있는 신과 인간의 관계를 처음으로 나타내는 상징이었다. 신라시대의 솔거 이후 오늘까지 숱한 화가들이 끊임없이 그려오는 노송 밑의 백발노인과 호랑이 또는 학의 모습은 우리 한국인의 근원을 향한 진지하고 순결한 기원이다.

제3장

소나무의 여덟 갈래 미학

하룻밤 새 솔 언덕에 비바람 축축하니
찬 가지에 송화 진액 어지러이 떨어지네
훈풍에 날씨도 덥고 흙무더기 더부룩하고
솔잎 떨어지는 곳에 버섯 꽃이 희구나
잎을 이고 꽃을 뚫어 머리가 일어나니
여기저기 솟아나 열이요 백이나 되는구나

인간과 오랫동안 희로애락을 나눠온 소나무

지구 위에서 소나무만큼 인간에게 헌신하는 나무도 드물 것이다. 풀과 나무 중에는 인간의 모진 병을 낫게 해주고, 먹거리가 되어 목숨을 살리기도 하며, 슬픔과 외로움을 달래주거나 노래와 시의 소재가 되고, 기쁨과 즐거움을 선물하는 것도 있다. 하지만 열두 갈래로 나뉘어서 인간의 삶과 죽음을 함께하며 인간으로 하여금 영원을 꿈꾸게 하는 것은 소나무만한 것이 없다.

소나무는 생활용 그릇과 도구, 농기구의 재료가 되었다. 집 짓는 목재로서 두 칸 오막살이에서 구중궁궐과 국가의 정체성을 상징하는 종묘, 유교의 상징물인 문묘, 조상의 위패를 모시는 사당의 주된 재료 역할을 했다. 왕을 비롯한 귀인의 장례 때 사용한 관과 무덤 안을 장식하는 재료도 소나무였다. 소나무 겉껍질은 땔감과 거름이 되고, 속껍질은 양식이 되었다. 솔뿌리는 약재와 생활에 매우 긴요한 끈이 되었다. 송이버섯·송홧가루·솔순·솔방울·솔씨 또한 생활에 필요한 귀한 것들이었다. 솔잎은 쓰임새가 아주 많았고 관솔은 가정과 국가 기관에서 필요한 공공용 등의 등불재료였다. 송진은 약재였고 때로는 등불의 원료가 되었다. 솔바람 소리는 풍류의 한 축이 되고 태교의 수단도 되었으며 문인들의 정신세계를 열어가는 신비의 음악이기도 했다.

첫 번째 갈래: 현실과 꿈의 둥지가 되어서 영원을 꿈꾸게 한다

한국인은 예로부터 소나무로 집을 지었다. 소나무가 부족하면 잣나무도 썼다. 아무리 곧고 결이 좋은 나무일지라도 다른 종류의 나무는 잡목이라 하여 건축재로 쳐주지 않았다. 소나무나 잣나무 이외의 다른 나무는 건축재로 썼을 때 반드시 좀이 먹든지 뒤틀리거나 쪼개지는 등 탈이 나기 쉽다. 잡목들은 송진 성분이 없기 때문에 우리나라 기후 조건에서 건축 재료로서는 소나무나 잣나무보다 효용가치가 훨씬 덜하다.

신라 때는 집 짓는 재목으로 산유목山楡木, 즉 난티나무를 제일로 쳤다는 기록이 『삼국사기』의 「신라본기」 곳곳에서 확인된다. 고려 때의 건축재에 대해서는 확실하지 않으나 고려의 도읍지가 송악松嶽이었고, 송악산 소나무는 명품으로 쳤던 기록으로 보아 소나무도 좋은 건축재로 쓰였으리라 짐작된다.

조선조에는 단연코 소나무였다. 소나무를 백목지장百木之長이라 하여 목재 중에서 으뜸으로 꼽았는데, 조선조 정치 이념이 성리학이었고 유교 전통을 이어받아 조선의 절대 가치로 삼은 것과도 관계가 있었다. 그래서 조선왕조의 산림정책도 소나무 보호 위주여서 소나무 이외의 나무를 벌채하는 것은 방임했다. 저 유명한 송금松禁, 송금사목松禁事目, 송계절목松契節目, 송금계좌목松禁契座目, 송정절목松政節目 등의 법률과 제도에서 볼 수 있듯이 조선의 소나무

정책은 매우 특별했다.

소나무 보호는 서울에서 가장 철저했다. 성의 10리 안에서 임의로 소나무를 베다가 적발되면 법에 따라 무거운 처벌을 받았다. 솔을 지키는 산지기가 금송패禁松牌를 차고 돌아다녔다.

궁실에서 필요로 하는 소나무 목재도 서울 근교의 것은 아껴두고 다른 지방에서 가져다 쓸 정도로 서울 근교의 소나무 숲은 정책적인 보호를 받았다. 따라서 서울 지역에서 소나무 목재 구하기가 다른 지역에서보다 어려웠다. 웬만큼 재력이 있는 사람일지라도 다른 먼 지역에서 목재를 운반해 가져와야 했기 때문에 넉넉하고 흡족한 규격의 소나무를 사용하기란 어려운 일이었다.

이와 같이 서울 사람들이 소나무 목재를 구하는 데 겪은 고충에 대해 성종 때의 학자 성현成俔은 『용재총화』慵齋叢話에서 다음과 같이 적고 있다.

성 안에 사는 사람이 점차 많아져서 옛날에 비해 무려 열 배에 이르니, 성 밖에까지 집과 담장이 즐비해졌다. 공사公私를 막론하고 집들이 점점 높아지고 커짐에 따라 재목이 귀해져서 심산벽곡마저 벨 나무가 드문 지경에 이르니 압록강에서 뗏목을 만들어 끌어오는 어려움을 겪고 있다.

또한 서울의 근교까지 소나무 보호가 철저하여 여러 곳의 소나무 명소가 생겨나거나 울창한 솔숲으로 유명했다는 기록도 여러

이재관, 오수도,
종이에 담채, 122×56cm,
호암미술관 소장.
초가지붕을 얹은 서실에서
낮잠을 즐기고 있는
노선비와 마당가 바위 밑
풍로를 놓고 차를 끓이는
동자가 노송 아래서
한가롭게 졸고 있는
두루미를 보면서 손으로는
부채질을 하고 있다.
청순한 선비의 생활을 맑
고요로 그려내었다. 오른
위의 화제도 고요하다.
"새소리 낮게 높게 들리는
낮잠이 들었구나"
(禽聲上下午睡初足).
이재관은 일찍 부친을
여의고 집이 가난하여
그림을 그려 팔아 어머니를
모셨다. 자연만물을
묘사하는 데 정묘한 경지에
이르렀으며 홀로 옛날
화법을 터득한 천재였다.
100년을 앞뒤로 이런 화가
없었다고 한다. 일본인들은
동래관을 통해서 해마다
그의 영모(翎毛, 새나 짐승
그린 그림)를 사갔다.

군데서 발견된다.

한성 도읍 안에 아름다운 경치가 적기는 하나 그중에서 놀 만한 곳은 삼청동이 가장 좋고 (……) 삼청동은 소격서 동쪽에 있다. 계림제에서 북쪽은 맑은 샘물이 어지러이 서 있는 소나무 사이에서 쏟아져 나온다. (……) 밑은 물이 괴어 깊은 웅덩이를 이루고 그 언저리는 평평하고 넓어서 수십 명이 앉을 만하며, 큰 소나무가 엉기어 그늘을 이룬다. (……) 얼마를 더 내려가면 홍제원이 있다. 홍제원 남쪽에는 조그만 언덕이 있어 큰 소나무가 가득하다. (……) 목멱산 남쪽 이태원의 들에는 높은 산에서 샘물이 솟아나오고 절 동쪽에는 큰 소나무가 골에 가득 차 빨래하는 성 안의 부녀자들이 이곳으로 많이 간다.

압록강과 두만강 유역의 소나무 벌목은 그 후에도 계속되어 조선 말에는 러시아인들이 눈독을 들여 강제로 빼앗은 적도 있었고, 일제 때는 아예 이 지역에다 거대한 제재소를 수십 개 차려놓고 솔숲을 모조리 날려버렸다. 그 후 압록강과 두만강 유역은 지금까지 황량한 민둥산으로 남아 있다.

태백산맥의 울창한 솔도 벌목하여 한강 줄기를 타고 뗏목으로 운반했다. 6·25 이전까지만 해도 광나루 일대에 소나무 장이 섰다. 경기도 광주의 관요官窯가 한강으로 운반되는 뗏목의 통과세를 받아 명맥을 유지해온 사실은 널리 알려진 일이다.

소나무 목재의 공급이 부족해지자 사람들은 소나무 목재에 대한 선망을 가졌고, 궁실과 관아에서는 소나무 목재로 넉넉하게 집을 지어 권위를 드높였다.

소나무 목재의 수요와 공급이 불균형을 이루자, 마침내 궁궐이나 관청 건물을 제외한 여염집의 규모는 축소되었다. 특히 벼슬이 없는 일반 백성들의 경우, 기둥의 높이와 간격을 엄격히 규제하여 방은 작고, 집은 기어서 들고 나오도록 낮게 짓도록 강요했다. 삿갓만한 지붕이니, 궤짝만한 집이니, 엉덩이 큰 여자 반쪽 엉덩이만한 방구석이니 하는 말이 생겨난 것도 소나무 목재가 귀해졌기 때문이었다.

이렇듯 소나무와 우리의 생활이 밀접한 관계에 있었기에 한국인의 문화를 소나무 문화라고 규정지어도 나무랄 일이 아닐 것 같다. 소나무 목재가 더욱 귀해지자 잡목을 써서 집을 짓기도 했지만, 사람들 의식 속에는 여전히 소나무로 지은 집에 대한 향수가 아련히 남아 있었다.

왕을 위한 소나무, 황장목

황장黃腸이란 나무의 심 가까운 부분이며, 황장목黃腸木이란 재관梓棺을 만드는 데 쓰는 질 좋은 소나무를 말한다. 특히 왕실의 관을 만드는 재궁梓宮──중국에서 가래나무[梓宮]로 관을 만들었으므로 이 이름이 생겼다──용으로 쓰이는 소나무를 두고 하는 말이다. 황실에서만 사용하도록 규정되어 있는 황장목에 대한 구체적

소나무 나이테.
"소나무가 서 있는 마을마다 삶의 나이테로 스며 있는 애환들,
소나무 한 그루에 깃들어 있는 세상 이야기들,
점잖은 식물학으로서의 소나무 이론들,
한국인의 기상을 이루어온 솔그늘과 솔바람의 멋과 풍류,
우리 겨레가 숨 쉬는 소나무의 늘 푸른 자태와
꿋꿋한 정신의 날들은 지금 어디에 있을까?"

인 역사 기록을 먼저 읽어보자.

맨 먼저 살펴봐야 할 것은 세종 2년1420 7월 24일의 기록인『세종실록』제8권에 실린 내용이다.

예조에서 계하기를, "(……) '천자의 곽은 황장으로 속을 하고 겉은 돌로써 쌓는데, 잣나무 재목으로 곽을 만든다' 하였는데, 주註에 말하기를 '군은 제후이니, 송장松腸을 써서 곽을 한다' 하였으니, 황장은 솔나무의 속고갱이라, 옛적에 천자와 제후의 곽은 반드시 고갱이를 쓴 것은, 흰 잣재목[白邊]이 습한 것을 견디지 못하여 속히 썩기 때문이온대, 본국 풍속에 관과 곽은 그 폭을 이어 쓰는 것을 기휘하므로 백변을 쓰게 되니, 습함에 속히 썩게 됩니다. 이제 대행 왕대비의 재궁은 고제에 따라, 백변을 버리고 황장을 연폭連幅하여 조성하게 하소서" 하여 그대로 좇다.

또한『세종실록』제26권, 세종 6년 12월 4일의 기록도 중요하다.

예조에서 예장도감禮葬都監 정문呈文에 의하여 계하기를, "본국의 소나무는 근래에 계속 벌채하였기 때문에 심산궁곡이라 할지라도 넓은 판자를 만들 만한 재목이 드뭅니다. 그 까닭에 예장에 쓸 관곽棺槨을 준비하기 어렵습니다. 판을 이어서 관을 만들려고 하나 세속이 이를 싫어하고, 반드시 넓은 판자를 구하여 관을 만들려고 합니다. 그러므로 할 수 없이 백변까지 합하여 사용하니, 그

것은 도리어 쉬 썩게 되어 죽은 이를 대접하는 데 좋지 못할 뿐만 아니라, 또한 큰 재목이 점점 드물게 되어 계속하기도 곤란합니다. 간혹 재력이 부족한 자가 넓은 판자를 구하지 못하여 장사지내는 시기를 놓치는 일도 있어 그 폐단이 염려됩니다. 옛날 제도를 보면 비록 천자와 제후의 장사라도 재목을 쌓아서 관을 만들었으니, 앞으로 예장하는 관재棺材는 모두 썩기 쉬운 백변을 깎아버리고 황장을 이어 붙여서 관을 만들고, 민간에서 사사로이 준비하는 것도 또한 이에 의하여 제작하여 그 폐단을 개혁시키도록 하소서" 하니, 그대로 따르다.

두 기록에 따르면 황장목은 살아 있는 소나무를 말한다. 이 소나무를 베어 목재로 사용할 때 주요 용도는 임금의 관을 만드는 데 있음을 알 수 있다. 그리고 관을 넣는 곽을 만들 때에는 나무의 껍질 부분인 백변을 버리고 맨 안쪽의 심재부心材部만을 사용했음을 짐작할 수 있다. 그러니까 목재로서의 황장목이란 나무 맨 안쪽 목심부인 누렇게 착색된 부분, 즉 심재부를 가리킨다.

지금까지 여러 결론들을 종합하여 황장목을 정의해보면, 우리나라 소나무 중에서 몸통 속 부분이 노란색을 띠고 재질이 단단한 좋은 나무로서 그 심재부를 들어내어 왕실의 관을 만드는 나무라고 말할 수 있다.

이러한 황장목은 관재 외에도 능실陵室을 만드는 데 많이 사용되었다.『세종실록』제113권 세종 28년 7월 19일, 제9권 세종 2년

8월 8일, 제101권 세종 25년 7월 24일, 제34권 세종 8년 10월 17일의 기록들을 차례로 살펴보자.

(……) 다음에는 서실西室 안의 격석 창혈에 황장판을 사용하여 막고, (……) 기일 전에 황장목판을 석체에 놓고, (……) 외재궁으로써 외윤여에 안치하고 재궁을 받들게 하며.

예장禮葬 시에 황장목은 관재 이외에도 능 서실 안의 창혈을 막는 판재로, 석체 위에 놓는 목판으로 사용되고 있어 상당량이 소요되었을 것으로 보인다. 그런데 이렇게 사용되는 황장목을 확보한다는 것은 그리 쉬운 일이 아니었나 보다.

변계량이 계하기를 "곽槨을 황장목으로 쌓아둔 재목에서 쓰려 하니 틈이 났으므로, 청하건대 세송에 따라서 전판全板을 쓰게 하소서" 하여 그대로 따랐는데. (……)

적어도 널만큼은 이은 것을 피했던 풍습을 보여주고 있으며, 이 것을 보아도 폭이 넓은 황장목을 확보하려는 노력은 계속되었던 것으로 보인다. 황장목을 구하고 확보하는 것은 중앙에서 관리를 파견할 정도로 국가적으로 매우 중요한 일이었던 것 같다.

판승문원사判承文院事 정척鄭陟을 평안, 황해도로 보내어 황장목을 구하게 하였으니, 장차 수기壽器, 관를 만들려고 함이라.

이와 같이 관재를 구하는 일은 왕실뿐 아니라 민간에서도 매우 중요한 일이었다. 국가의 방위를 위하여, 즉 병선을 제조하기 위하여 확보하고 있던 금산禁山의 나무라 할지라도 장례용일 경우에는 배를 만드는 데 적합하지 않은 것이라면 할양하고 있는 것을 볼 수 있다.

　병조에서 충청도 감사의 관문關文에 의하여 계하기를, "소나무는 배를 만드는 재목이기 때문에 여러 번 교지를 내리시어 사람들이 사사로이 베는 것을 금하였으나, 관곽은 대소인들의 송종送終하는 데 부득이한 일이오니, 지금부터는 상가喪家에서 소재 관청에 보고하고, 그 관청에서는 재목이 있는 곳에 이문移文하면, 그곳 수령이 배 만드는 데 합당하지 않은 나무를 골라 내주어 장사지내는 데 편히 쓰도록 하소서" 하니, 그대로 따르다.

　이처럼 조선시대에 장례에 대한 일은 매우 중요한 일 중 하나였다. 더욱이 예장에 사용하는 폭이 넓은 판자를 관재로 사용하기 위해 황장목을 확보한다는 것은 국가의 중요한 일상적 사무의 하나였다. 황장목을 확보하기 위하여 금산禁山, 봉산封山을 지정하고 있기는 했지만 폭넓은 판자를 생산할 수 있는 황장목의 확보는 매우 어려운 일일 수밖에 없었다.

　황장목 소나무를 키우는 산을 황장갓 또는 황장산이라 하였다.

황장산의 역할을 보다 상세히 이해하기 위하여 '금산' '봉산'이라는 개념을 알 필요가 있다.

금산이란 나라에서 나무를 키우기 위해 여러 가지 통제를 하는 산을 말하고, 봉산은 나라에서 특별한 목적에 사용하기 위해서 나무를 키우고 벌목을 금하는 산을 말한다. 하지만 금산이나 봉산은 모두 나라에서 필요로 하는 목재 자원의 확보와 배양을 위해 사사로운 벌목을 금지하는 산으로 정의할 수 있기 때문에 원칙적인 차이는 없다고 볼 수 있다.

소나무 벌채를 금하는 까닭

조선시대의 산림은 누구나 이용할 수 있는 자원이기 때문에 사사로이 독점할 수 없도록 제도적으로 정하고 있었다. 모든 산은 국유림이어서 무주공산無主空山이란 말이 생겨나기도 했다. 이 제도에 관한 기록은 다양하다.

■ 사사로 시초장柴草場을 점유하는 자는 모두 장杖 80의 형에 처한다.
• 『경국대전』 형전 금제조

■ 병조에 전지하기를, "경기도 포천의 봉소리峯所里와 영평 백운산의 한목동閑木洞, 청계동과 가평의 노점蘆岾, 고비동高飛洞 등지는 국용國用의 재목이 소재한 곳이니, 산지기를 정하여 채벌하

김홍도, 서원아집도, 종이에 담채, 37×78cm, 국립중앙박물관 소장.
중국 고사를 그림으로 옮겨놓은 이 작품은 1778년에 그린 것이다.
김홍도 초기의 우수한 작품 중 하나로 꼽는다.
화면 구성이 매우 복잡하지만 어느 한 군데 부족함이 없고,
소루함이 없는 빈틈없는 작품이다. 화면 중앙에는
당시 예원의 총수였던 강세황의 화제가 있다.

는 것을 금하게 하고, 소재지의 수령들이 무시로 점고하고 살피게 하라” 하다.

•『세종실록』제25권, 세종 6년 9월 10일

■도성 내외의 산에는 표지를 세우고 부근 주민에게 분담시켜 벌목과 채석을 금하게 하며 감역관과 산지기를 정하여 간수한다.

•『경국대전』공전 재식조

■유정현이 상소하여 일을 의논하여 이르기를, “(……) 한 가지 는 하삼도下三道에서 여러 해를 두고 배를 만들었기 때문에 재목 이 거의 다 없어졌으니, (……) 병선은 국가의 중한 그릇이라, 배 만드는 재목은 소나무가 아니면 쓰는 데 적당하지 아니하고 소나 무는 또 수십 년 큰 것이 아니면 쓸 수가 없는데, 근래 각 도에서 여러 해 동안 배를 만든 까닭에 쓰기에 적합한 소나무는 거의 다 없어졌으므로, (……) 장차 수년이 못 되어 배 만들 재목이 계속되 지 못할까 진실로 염려 아니할 수 없는 것입니다.”

•『세종실록』제4권, 세종 원년 7월 28일

■병조에 전지하기를, “병선은 국가에서 해구海寇를 방어하는 기구로서 (……) 선재船材는 꼭 송목을 사용하는데, 경인년 이후 부터 해마다 배를 건조해서 물과 가까운 지방은 송목이 거의 다했 고, (……) 송목이 자라나지 못하니 장래가 염려스럽다.”

•『세종실록』제24권, 세종 6년 4월 17일

■병조에서 계하기를, "근해 지역에 병선을 만들기 위해 심은 소나무에 대한 방화와 도벌을 금지하는 법은 일찍이 수교受敎한 바 있으나 (……)."

•『세종실록』제33권, 세종 8년 8월 27일

■제도 관찰사에 하서하기를, "군국의 일에는 병선이 중요한데, 배를 만드는 재목은 40, 50년 동안이나 오래되지 아니하면 쓸 수가 없으니, 소나무 벌채를 금하는 것은 이 까닭이다."

•『성종실록』제68권, 성종 7년 6월 5일

■(……) 고려시대부터 지금에 이르기까지 궁전, 주선용 목재의 거의 모두를 이곳에서 취했다.

•『대동지지』권11, 부안 변산

■문중이 또 아뢰기를, "황장금산이 이미 모두 민둥산이 되었고, 오직 삼척과 강릉에만 약간 쓸 만한 재목이 있는데, 판상板商들이 인연하여 들여오기를 도모하고 있으니, 그 재목을 침범할 우려가 있습니다. (……) 정선과 영월 사이의 뗏목이 내려오는 길목을 지키게 하소서"하고, 판윤判尹 이언강은 청하기를, "(……) 영남의 우마牛馬로 운반하는 길을 나누어 지키게 하소서"하니, 임금이

아울러 옳게 여겼다.

•『숙종실록』제33권, 숙종 25년 8월 30일

■ "(……) 평안도로 하여금 하번 선군을 시켜서 재목을 베어 내게 하여 삼등三登, 양덕陽德, 성천成川 등처에서는 안주강安州江으로 내려보내고 이성泥城, 강계江界 등처에서는 압록강으로 내려보내어 (……)."

•『세종실록』제4권, 세종 원년 7월 28일

이처럼 소나무가 국가의 중요한 자원임이 확인되자 목재자원 확보를 위하여 특정한 장소를 지정하여 사사로운 사용을 금지하게 되었다. 마침내『경국대전』에 소나무의 보호와 관리를 규정하기에 이르렀다.

"지방에는 금산을 지정하여 벌목과 방화를 금지하며 안면곶과 변산은 해운판관이, 해도는 만호가 감시한다 매년 봄에 어린 솔을 심거나 종자를 뿌려 키우고 정초에 심고 씨 뿌린 수를 갖추어 보고하되 위반한 경우에는 산지기는 장 80, 해당 관원은 장 60의 형에 처한다."

또한 세종 30년 8월 27일 의정부에서는 전국에서 소나무가 잘 되는 땅을 현지 답사한 후 경기 27, 황해 25, 강원 7, 충청 27, 함길 24, 평안 25, 전라 92, 경상 77 도합 304개 소를 정한 뒤 해당 지역

관원이 감독 관리하도록 했다.

이처럼 나무의 필요성이 점점 더 커져가자 국가는 모든 지역 관리들에게 솔을 심고 가꾸도록 거듭 독려하며 단속해나갔다. 결국 백성들에겐 소나무를 심고 가꾸는 일이 하나의 고통스런 강제 노동으로 자리 잡게 되었다.

황장봉산에는 질 좋은 소나무에 대하나 도남벌을 예방하고 산림의 황폐를 막기 위하여 산림의 배양을 권장하고 도벌을 금지하는 일종의 보호림 표지, 국유림 표지로서 황장금표黃腸禁標를 설치하기도 했다.

황장금표는 현재 강원도 내에 5개소가 남아 있는 것으로 확인되고 있다. 하나는 강원도 지정기념물 제30호로 원주군 소초면 학곡리 치악산 구룡사 입구에 소재하는 것으로 다듬지 않은 자연석 그대로에 '黃腸禁標'황장금표라고 뚜렷이 새겨져 있다. 또 하나는 영월군 수주면 법흥리 황장골에 있는 높이 110센티미터, 폭 55센티미터의 아담한 비석으로, 마을의 노인들에 따르면 조선 순조 2년1802에 세워졌으며, 마을 이름을 황장골이라고 부르게 된 것도 이에 연유한 것이라 했다. 나머지 두 개는 강원도 화천 화천읍 동촌1리와 강원도 평창 미탄면 평안리에 있다.

마지막 하나는 1985년 강원대학교 박물관 조사팀에 의해 발견, 확인된 것으로, 인제군 북면 한계리 안산 기슭에 소재하고 있다. 이 황장금표는 절의 축대돌면에 '黃腸禁標 自西古寒溪 至東界二十里'황장금표 자서고한계 지동계이십리라고 새겨놓고 있어, 금표가 있는

울진 소광리의 황장봉계표석, 문화재자료 제300호.
황장목의 봉계(封界)지역을 생달현(生達峴),
안일왕산(安一王山), 대리(大里), 당성(堂城)의 네 지역을 주위로 하고
이를 명길(命吉)이란 산지기로 하여금 관리하게 하였다는 내용이 씌어 있다.

서쪽 '한계'라는 골짜기에서 동쪽으로 20리까지를 금산지역으로 지정하고 있음을 알 수 있다.

잣나무 관과 솔 뽑는 중

연암 박지원은 64세 때1800년에 강원도 양양부사에 부임했다. 그곳에서 겪은 일 중에서 황장목과 관련된 기록이 하나 전해지고 있다. 선생의 아드님 박종채朴宗采가 아버지의 언행과 가르침을 기록한 『과정록』過庭錄 셋째 권에 수록된 내용이다.

양양에는 벌목을 금하는 황장목 숲이 퍽 많았다. 매번 조정에서는 감독관을 파견해 황장목을 베게 했는데 양양부사에게는 으레 사사로운 이익이 많이 떨어졌다. 비록 청렴하나 수령이라 할지라도 황장목을 남겨 훗날 자신의 장례 때 사용하게 하려 했다.

아버지가 양양에 부임하시자 친지들은 황장목 이야기를 자주 했다. 그러나 아버지는 듣고도 못 들은 척하셨다. 우리에게는 이렇게 말씀하셨다.

"너희가 내 본심을 아느냐? 상고시대에는 얇은 관으로 검소하게 장례를 치렀다. 너희가 혹 사람들이 하는 말을 듣고서 후일 나의 장례 때 황장목을 쓸 생각을 한다면 이는 내 뜻을 크게 거스르는 일이다. 황장목으로 나의 관을 짜는 일도 옳지 않다고 여기고 있거늘, 직위를 이용해 이익을 얻는 일이야 말해 무엇 하겠느냐!"

황장목은 감독관의 입회하에 벌목되어 대궐에 진상되었다. 그러나 진상하고 남은 널빤지들이 온 고을에 낭자했다. 아전들이 이 사실을 보고하자, 아버지는 아무아무 곳 시냇가에 옮겨놓으라 하셨다. 모두들 그 영문을 몰랐다.

아버지는 며칠 후 몸소 그 시냇가에 가서서 말씀하셨다.

"여기에 다리가 없어 사람들이 다니는 데 괴로워한다. 이 나무로 다리를 놓으면 몇 년은 편리하게 지낼 수 있을 게다."

그리하여 널빤지를 깔아 다리를 설치하였다.

그 후 아버지가 돌아가셨을 때 유언에 따라 해송海松으로 만든 널이른바 잣나무 널빤지을 썼다. 그걸 보고 경탄하지 않는 이가 없었다.

•『나의 아버지 박지원』에서

『조선왕조실록』과 『대동지지』 등에 기술되어 있는 소나무에 대한 법령과 정책들은 소나무가 얼마나 중요한 국가 재원이었는지를 짐작하게 해준다. 그런가 하면 정약용의 『목민심서』에는 백성들에게 부과된 소나무 심기와 소나무 기르는 부역이 얼마나 고통스러웠던가를 짐작케 하는 기록이 있다. 덕산초부德山樵夫, 정약용 자신을 말함가 「솔 뽑는 중」僧拔松行이라는 시를 지었는데 다음과 같다.

백련사 서쪽 석름봉 위에 이리저리 다니면서 솔 뽑는 중이 있네. 잔솔이 땅 위로 겨우 두어 치 나왔는데, 연약한 가지와 부드러운 잎이 어쩌나 예쁘고 토실한지, 어린아이는 모름지기 깊이 사랑하고 살펴야, 자라서 훌륭한 재목 되거늘 어찌하여 눈에 띄는 것을 모조리 뽑아 버려 싹도 씨도 남기잖고 없애려는가.

　농부가 호미질 보습질 하여 부지런히 잡초를 배듯이 (……) 털
복숭이 귀신이 붉은 털을 휘날리며 시끄럽게 소리치며 9천 그루
나무를 잡아채듯 뽑는구나.

　중을 불러오게 하여 그 까닭을 물었더니, 중은 목메어 말 못 하
고 눈물만 맺히네.

중을 불러오게 하여 그 까닭을 물었더니

중은 목메어 말 못 하고 눈물만 맺히네

이 산에 솔 기르기 그 얼마나 애썼던가

스님 상좌 할 것 없이 공손하게 법을 지켜

땔나무도 아까워서 찬밥으로 끼니하고

새벽종 울 때까지 밤 순찰도 하였으니

고을 성안 나무꾼도 감히 접근 못 하는데

마을 사람 도끼질 얼씬인들 했겠으리

수영水營 소교小校 달려와서 사또 분부 내렸노라

땅벌 같은 기세로 문안에 들이닥쳐

지난해 폭풍우에 꺾인 가지 접어들고

중 보고 꺾었다고 가슴을 쥐어박네

하늘 보고 호소해도 치미는 화 안 식지만

절간 돈 백 냥 주어 겨우 미봉하였다네

금년 들어 솔 베어선 항구로 내가면서

커다란 배 만들어 왜놈 방비 한다더니

조각배 한 척도 만들지 않고

벌거숭이 산만 남아 옛 모습 볼 수 없네

이 소나무 어리지만 그냥 두면 크게되니

화근을 뽑아야지 부지런히 뽑아야지

이로부터 솔 뽑기를 솔 심듯이 하였도다

잡목이나 남겨두어 겨울 채비 하면 됐지

오늘 아침 관첩官帖 내려 비자나무 바치라니

비자나무 마저 뽑고 산문山門을 닫으리라

－(1807년)

우리들의 집은 솔숲이었다

우리 민족은 온돌을 사용해왔고 더운 음식을 먹기 좋아했다. 온돌의 난방용으로는 소나무 장작이 으뜸이었다. 이런 점들이 산림을 황폐화시킨 원인이 되었고 숲의 형질을 퇴화시키는 원인이 되기도 했을 것이다.

마른 솔잎은 취사할 때 불의 힘을 조절하는 가장 좋은 재료로서 특별히 맛있는 음식을 마련할 때는 반드시 마른 솔잎을 사용했다. 그래서 그 이름을 솔갈비라고까지 치켜세웠다. 숯에는 백탄과 흑탄이 있는데, 흑탄이 일반적인 숯으로 소나무가 그 원료다. 『경국대전』에는 가을마다 각 지방에서 장정들을 징집해서 숯을 구워 바치도록 한 기록이 있다. 경상도에서는 숯을 구워 서울로 운반하는 것이 어려웠으므로 현금으로 대납하기도 했다.

정선, 인왕제색도, 종이에 수묵, 79.2×138.2cm 리움미술관 소장.
비 갠 뒤 인왕산의 웅장한 모습을 멀리서 아래로 내려다보는 기법으로
그린 이 작품은 소나무숲에 둘러싸인 기와집을 앞에 배치하고,
뒤쪽으로 우람한 암봉들을 넘치도록 그려 넣어서 보는 사람에게
박진감을 느끼게 한다. 자아와 사회의식이 고조되던 영·정조 시대의
시대정신을 예술화한 작품이기도 하다. 그때까지 있어왔던 산수화의
정형미와는 완연히 다르다. 위압적인 산악의 부동감이 가져오는 현실미는
사회심리학적으로 볼 때 관념적이고 교화주의적인 주자학 유교체제에
거부감을 지닌 겸재의 현실인식에서 비롯된 것으로 평가한다.
그는 진경(眞景)에 대한 애착을 통해 단순한 유교 이념이 아닌
실학적 리얼리티를 추구했다.

이렇듯 소나무는 국가나 개인 모두에게 더없이 중요한 재산이었기 때문에 소나무를 베어 이용하려는 사람들이 많았다. 하지만 모든 산은 국가 소유여서 개인들은 땔감을 제외하고는 모두 관청의 허가를 얻어야만 했다. 관청에서는 소나무 베는 허가를 해주면서 뇌물을 받았고, 민간에서는 뇌물을 주기 위해 허가 이상으로 솔을 베어야 했다. 그러다가 발각되면 벌을 받게 되고 벌을 덜 받기위해 관리에게 찔러주는 돈도 소나무 장작을 팔아서 마련했다. 관청의 관리들도 소나무를 베어 팔아서 돈을 챙겼다. 솔은 조선시대를 풍미한 보증수표이자 현금과도 같은 위력을 지닌 나무였다.

화강암 토질이 주류를 이루고 있는 우리나라 땅에 가장 알맞은 수목이 소나무가 아니겠느냐는 견해도 있다. 아무튼 소나무는 심어키우기가 쉽고 제대로 자란 뒤에는 효용가치가 다양한 수목이다.

소나무는 양지 바른 곳을 좋아한다. 좋은 영양분이나 수분을 필요로 하는 정도가 다른 수목보다 덜한 까닭에 건조한 토양이나 척박한 지역에서도 잘 자란다. 일단 뿌리를 내리면 왕성한 생장력을보이기 때문에 토질의 성분을 개량하는 기능을 하며 다른 유용한수목들이 번식할 수 있는 조건을 만들어주는 중요한 몫을 담당하는 셈이다.

예로부터 소나무는 우리의 생활 근거지 가까이에 숲을 이루고있어서 우리의 일상생활과 깊은 관련을 맺어왔다. 무엇보다 먼저건축재로 크게 쓰였다. 기둥·서까래·대들보·문짝·창틀 재료가되었다. 그다음이 가구재로서의 소나무였다. 상자·옷장·뒤주·찬

장·책장·도마·다듬이·빨랫방망이·병풍틀·말·되·벼룻집을 소나무로 만들었다. 소반·주걱·목기·제상·떡판 등의 식생활 용구도 소나무로 만들었다. 지게·절구통·절굿공이·쟁기·풍구·가래·멍에·가마니틀·자리틀·물레·벌통·풀무·물방앗공이·사다리·써레 등의 농기구재로는 소나무가 으뜸이었다. 관재棺材·상여 등 장례도구·나막신을 만들 때도 소나무가 쓰였다. 특히 해안이나 강기슭을 따라 자라는 큰 소나무는 선박을 만드는 재목으로 국가의 보호를 받았다.

조선 숙종 때 실학자 홍만선이 엮은 『산림경제』에는 집 짓는 데 쓸 소나무 목재를 장만하는 일에 대해 몇 가지가 언급되고 있다.

■소나무를 벌목할 때는 길일을 택해야 한다. 그래야 나무가 트지 않고 뒤틀리지 않는다.

■소나무를 벌목하는 날은 쾌청한 날이어야 한다. 비가 온다든지 하여 껍질에 물이 먹게 되면 나쁘다. 또 오경五更 때에 소나무 껍질을 벗기면 흰개미가 살지 못한다.

■집 짓는 재목으로는 소나무를 으뜸으로 친다. 기타 재목들은 좋다고 하더라도 공랑公廊을 짓는 데 쓰이는 정도에 불과하다.

궁궐의 건축에는 일반 주택이나 사찰을 지을 때와는 달리 오직 소나무만이 목재로 사용되었다. 절을 지을 때는 소나무 외에 느티나무·참나무·전나무 등을 기둥이나 그 밖의 건축재로 사용했지만 조선시대의 궁궐은 철저하게 소나무 목재만을 사용했다.

궁궐 짓는 데 소나무만 사용하게 된 가장 중요한 원인은 소나무가 우리나라에서 자라는 나무 중 우두머리였기 때문이다. 또한 목조 건물을 짓는 데 소나무는 다른 어떤 나무보다 뒤틀림이 적고 송진이 있어 비나 습기에 잘 견디었기 때문이다. 그런 이유로 기둥·도리·대들보·서까래·창호 등은 모든 목재가 소나무 한 수종으로만 되었다. 이러한 사실은 민가나 사찰의 건축에 여러 종류의 나무들이 사용된 것과는 엄격하게 구별된다.

실제로 무형문화재 제74호 보유자이며 경복궁 복원 도대목인 신응수 선생의 글 「경복궁 복원과 소나무」에 보면 이런 구절이 있다.

경복궁을 복원하는 데 한민족의 구심점이며 단군신화가 깃들인 백두산 소나무를 사용함으로써 민족의 긍지를 높이는 계기를 마련해보자는 뜻에서 원목은 수입했으나, 이는 중국 장백산맥의 길림성 안북지역에서 벌채한 것으로 대들보 4개, 기둥 28개를 들여와 강녕전에 사용하였다.

그러나 수입된 소나무의 강도가 한반도에서 자란 소나무에 비해 약하다는 것을 알 수 있었다. (……) 우리 소나무가 이렇게 다른 외국산 나무에 비해 강한 이유는 사계절이 뚜렷한 계절적인 특성이 주된 이유인 것으로 생각된다. 또한 우리 풍토에서 자란 소나

경복궁 근정전.
소나무는 왕실의 번영과 권위를 나타내는 상징물이었다.

청와대 본관 뜰 소나무 조경.
"청와대 조경수 중에서 솔이 유독 많은 것도
옛 궁궐 건축재가 솔이었던 점과 무관하지 않다.
소나무를 통해 우리나라 역사의 계속성을
상징하고 있다고도 볼 수 있겠다."

무의 경우 송진의 질과 함량이 백두산의 소나무나 외국의 소나무와 다른 것이 아닌가 생각하게 되었다.

우리 선조들이 남겨놓은 목조 건축물로 영주 부석사 무량수전, 봉정사 극락전 등은 천 년에 가까우며 앞으로도 그 이상 보존될 것임을 상상할 때 우리의 소나무 재질이 얼마나 우수하고 나무 중에 최상급 나무라 아니할 수 없을 것이다. (……) 청와대의 대통령 관저 건축물의 책임을 나에게 의뢰해왔을 때 준비된 원목을 보니, 굵은 소나무가 없다는 이유로 외국산 나무인 라오스 소나무가 준비되어 있었다.

청와대 한식 건물을 짓는다는 것은 나에게 나라를 위한 중요한 역사이기 때문에 우리 소나무를 가지고 지어야 한다고 주장했다.

나의 의견이 받아들여져 강원도 명주군 사기막리와 연곡면 신옹리에서 필요한 소나무를 겨울에 벌채해 험악한 지형과 많이 쌓인 눈 때문에 헬리콥터로 운송하였다. (……) 청와대의 경우 이들 명주산 소나무 덕분에 외국의 나무는 한 그루도 사용하지 않았다.

이와 같은 소나무는 베어내는 과정도 예사스럽지 않다. 나무를 벌목하는 사람들에게는 예로부터 금기시되어온 일종의 의식이 있다. 벌채 전에 산신께 무사고를 기원하는 고사 때 반드시 검은 돼지 수놈을 싣고 와 직접 산에서 잡아 제물로 바치는 것이다. 또한 소나무를 베고 난 그루터기에서는 소나무의 슬픈 분노가 하늘로 치솟기 때문에 그루터기 위에 올라서는 것이 금지된다. 소나무가 지닌 신령스럽고 신성한 기운이 하늘로 올라가 더 큰 기운으로 변한다는 오랜 믿음이 있었기 때문이다.

굽은 소나무의 비밀

우리 조상들의 건축술 중에는 경탄스런 지혜의 산물들이 많다. 그중에서 소나무가 지니고 있는 자연적인 형태의 원목 굴곡을 그대로 이용하는 목조 건축술의 지혜를 발달시켜 온 결과들을 우리는 너무나 예사로 보아왔다. 지붕의 처마선과 네 귀가 날아갈 듯 절묘하게 들려 있는 아름다운 곡선을 만들어낸 것은 목수들과 소나무의 합작품이라는 사실을 잘 모르고 있는 것이다.

이러한 곡선을 만들기 위해서 꼭 필요한 추녀와 서까래로 쓰는 목재로는 한국 소나무만이 지닌 비밀 아닌 비밀이 있기 때문이다. 추녀의 곡선을 만드는 서까래도 자연스럽게 굽은 재목이어야 한다는 것이다. 자연스럽게 굽은 나무를 사용해야 제대로 된 추녀의 곡선이 나오기 때문이다.

추녀 곡선을 살리기 위해서는 어떻게 굽은 소나무를 마련하는가? 일부러 굽게 만드는 것이 아니란다. 그 비밀은 이렇다. 어린 소나무는 뿌리를 내리고 자라는 과정에서 바람과 비탈진 지형으로 인해 약간 구부정해진다. 얼마만큼 자란 뒤에는 꼿꼿하게 서는 기질대로 자라는데, 대개 지표면에서 약 30~40센티미터 정도는 구부정하다가 그 위에서 곧게 자란다.

그래서 꼿꼿한 재목을 베어낸 끝에는 무릎 높이만한 그루터기가 남게 된다. 한 1년쯤 내버려두었다가 이듬해 겨울에 베어 쪼개면 맨 밑동이기 때문에 옹이나 가지 하나도 없이 듬뿍 송진이 절어 있는 청널을 얻기도 한다. 이처럼 아랫부분이 구부정한 소나무를 밑둥치에서 베어내면 마치 필드하키 선수들이 사용하는 스틱처럼 생긴 목재가 된다. 굽은 밑부분 끝이 하늘을 향하도록 배열하면 처마가 가볍게 쳐들린 곡선이 생긴다. 굽은 소나무가 한옥 건축물의 중요한 아름다움이 되는 것은 감동적이다.

실제로 무량사 극락전 보수공사 때 이 같은 곡재의 중요성이 입증된 사례가 있었다. 이 공사 때 굵고 곧은 외국산 소나무를 수입해 깎고 다듬어 곡재로 만들어 썼다. 그러나 굵은 목재를 깎아서 보수한 지 10년 만에 추녀 네 개가 무게를 이기지 못하고 부러졌다. 굵은 수입 원목을 깎아 내버리는 손실도 손실이지만 원래 굽은 한국산 소나무보다 강도가 월등하게 떨어진다는 사실이 입증된 셈이다.

그래서 한국의 전통 가옥을 짓는 목수들은 직재는 직재대로, 곡재는 곡재대로 우리 재래의 목조 건축에 그 용도가 적절히 사용되므로 구하기 힘들어도 반드시 우리 건축에 맞는 목재를 써야만 집의 조화가 이뤄진다고 믿는다.

한국인의 문화를 소나무 문화라고 할 때 소나무는 크게 식량으로서의 솔, 땔감과 건축재로서의 솔, 형이상학적 상징과 의미로의 솔로 구분해볼 수 있다. 그중에서 건축재로서의 솔은 한국인의 정서가 생겨나고 고이고 쌓이는 데 큰 역할을 해왔다. 가난한 삶을 살았던 대부분의 서민들은 두 칸짜리 오두막이나 세 칸짜리 초가

위 | 경남 창녕군 옥천리 구인욱의 집, 1978.
아래 | 충북 괴산군 괴실마을 신영득의 집, 1973.

집에서 대대로 고단하고 팍팍한 생존의 끈을 이어왔다.

기둥은 소나무가 생긴 대로 껍질만 벗겨낸 둥근 형태로 옹이 자국이 군데군데 송진을 물고 말라 있다. 대들보는 기이한 모습으로 뒤틀리고 굴곡져서 한 마리 용이 금방이라도 하늘로 날아오를 것 같다. 서까래들도 하나같이 굽었다. 흙바닥 위에 올 굵은 삿자리를 편 방에 누워 천장을 바라보면 굽고 휘어진 서까래들이 참으로 절묘한 조화를 이루면서 지붕을 만들고 있다. 벽면의 가로 세로로 이어진 재목들도 꼼꼼한 연장질과는 사뭇 동떨어져 그냥 생긴 그대로의 소나무를 껍질만 살짝 걷어내고 걸쳐놓았다. 집이 아니라 소나무 숲이라고 해야 옳을 것이다.

구들장이 따끈해지도록 솔가지며 장작불을 지펴놓고, 솔갈비로 끓인 호박죽이나 삶은 고구마로 끼니를 때운 코흘리개 조무래기들이 몰려가는 마을 근처 소나무 숲에는 사시사철 허기와 슬픔과 외로움을 달래주는 솔바람이 불고 갔다. 그 솔숲엔 봉분 흔적만 남은 유명인과 무명인이 누워 있고, 그 무덤가에서 자라는 풀꽃이며 산나물을 뜯어먹으면서 솔처럼 깡마르고 올곧고 늘 푸른 꿈을 꾸는 자식을 낳아 길렀다. 누구든 때가 되면 그 솔숲에 가 묻히면서 말이다.

두 번째 갈래: 사람도 솔잎을 먹고 산다

솔잎으로 하늘을 삼다 以松葉爲天

'밥으로 하늘을 삼는다' 以食爲天는 말은 『맹자』에 나온다. 인간은 누구든 먹는 일이 본능이며, 굶주린 채로 하늘[天]이나 진리, 의로움과 덕德과 인仁을 말하고 실천하기 어렵다. 예禮 또한 그러하다. 그래서 먹는 양식 마련하는 농사를 '하늘 아래서 가장 큰 바탕'이라 했다. 그러나 사람 사는 세상은 늘 욕망으로 다투는 곳이어서 먹는 문제는 고통과 다툼의 원인이 되어왔다. 그리하여 먹는 것으로 권력 장악의 수단으로 삼거나 지배의 방식으로 여겨온 것이 인류의 역사이기도 했다. 식량이 지닌 이 같은 정치성 때문에 민중들은 어느 시대에서나 굶주림으로 고난받는 서럽고 불쌍한 군상들이었다. 이 끝없는 굶주림의 고난사에서 솔잎은 민중들에게 하늘의 은총이었다.

초근목피草根木皮의 나날들이란 말로 축약될 수 있는 한국 민중사 맨 첫 페이지 첫째 줄에 기록되어야 할 나무 이름이 소나무와 솔이다. 한국인에게 솔은 다른 어느 곡식이나 채소보다 결코 못하지 않은 기구한 내력을 지닌 식량이며 약이었기 때문이다. 사람 아닌 하늘이 내시고 대지가 키워서 먹여준 밥이었기 때문이다.

예로부터 솔잎은 '신선의 식사'라 일컬어져왔다. 솔잎은 정신을 맑게 하고 섭생에 유익하여 겨울철에 솔잎을 장복하면 병 없이 오래 산다는 속설이 있었다. 이 말에는 식량이 부족한 사람들이 솔잎으로 밥을 대신해야 했던 피눈물 어린 아픔을 지그시 깨물면서 되뇌었던 심적이 녹아 있다. 그렇게라도 스스로를 달래고 견디도록 최면 같은 것을 의도한 속내도 들어 있다. 또한 솔잎을 장기간 생식하면 늙지 않으면서 몸이 가벼워지고 힘이 나며 흰머리가 검어지고 추위와 배고픔을 모른다는 속설도 전한다.

『동의보감』에 "솔잎은 풍습창風濕瘡을 다스리고 머리털을 나게 하며 오장을 편하게 하고 곡식 대용으로 쓴다"고 정리해두고 있어서 예로부터 민간에 있어온 속설이 터무니없는 말이 아님을 알 수 있다. 하지만 양식이 넉넉한 환경이었다면 이런 일들은 훨씬 적었을 것이다.

솔잎을 먹고 살아야 했던 체험담 가운데는 일제 때 독립군에 들어가 예사롭지 않은 경험을 하게 된 중국 옌볜 김광식 선생의 자서전 기록이 있다.

밥을 지어 먹으려고 해도 연기 때문에 불가능했다. 밥 짓는 연기가 일본군에게 발견되면 즉시 위험해진다. 어쩔 수 없이 생식을 하게 되었다. 콩을 소금물에 불궈서 갖고 다니며 몇 알씩 씹다가 솔잎을 한 움큼 뽑아 함께 씹어 삼키면 반찬이 없어도 먹을 만하였다. 취사도구를 따로 챙겨 갖고 다닐 필요가 없으며 무엇보다 군살이 빠져 몸이 가벼워서 날쌔게 옮겨 다닐 수 있어 다시없이 좋았다.

여기서도 우리의 한 많은 민족사에 얽힌 기구한 내력의 아픈 속살을 보게 된다.

무엇보다 우리는 해인사 백련암에서 수행하셨던 성철 스님과 솔잎에 얽힌 청정한 법문을 기억하고 있다. 스님께서는 평생토록 솔잎을 양식으로 삼으셨다는 사실을 잘 알고 있다. 또한 고구려의 온달 장군이 젊었을 적에 산에 올라가 느릅나무 껍질을 자주 벗겨 왔다는 기록이 있다. 느릅나무 껍질에 영양분이 많아서가 아니었다. 솔잎과 송기를 많이 먹으면 변이 굵어져서 변비가 생기는데 느릅나무 껍질을 씹어 먹으면 변이 부드러워지는 효능이 있었기 때문이다.

아무튼 신성이 되려고 도를 닦는 이들은 솔잎을 즐겨 먹었다지만, 삼사월 긴긴 봄날 허기에 시달리는 가련한 흥부네 자식들의 눈에 비친 솔잎과 솔순은 지상에서 다시없는 식량이었다. 어찌 어린 것들뿐이었겠는가. 굶주린 속이 허기지기로는 어른인들 어찌 달랐겠는가. 줄기차게 솟구쳐 오르는 솔의 기름진 새순은 굶주린 백성들을 위로하는 청산의 자비였고 그 푸른 솔잎은 영원과 소통하는 길이었는지 모른다.

독초인 줄 알면서도 무릇을 캐어다 고을 때에는 반드시 솔순을 끊어 밑에 깔았다. 해독을 시키기 위해서였다. 솔잎은 송모松毛라고도 하며 송죽松粥을 만들어 먹기도 한다. 또한 어린 솔잎 한 말을 잎 끝쪽을 잘라 버리고 나머지는 잘게 썰어 오지항아리 속에 넣고, 여기에다 끓인 물 한 말을 부어 보통 김치와 같이 담는다. 그것이 차츰 서늘해지면 무, 미나리 등을 썰어 넣거나 파, 부추, 된장, 소금 등으로 맛을 낸다. 시일이 지난 뒤 한 번에 한 그릇씩 먹고 수시로 그 물을 마시면 다른 음식을 먹지 않고도 배가 든든하다. 『본초강목』에서도 솔잎을 가늘게 썰어 다시 이것을 갈아 날마다 밥 먹기 전에 술과 함께 먹고, 또 끓인 물로 죽을 만들어 먹을 수도 있는데

경북 경주 배리 소나무꽃.
소나무꽃은 한 나무에 암꽃과 수꽃이 같이 핀다.
붉은빛을 띠는 암꽃은 작아서 잘 보이지 않고,
주로 노란색 수꽃들이 눈에 띤다.

건강에 좋고 흉년에 쓰일 수도 있다고 했다.

강원도 영월군 주촌면 주천마을은 사자산이라 부르는 험준하고 높은 산의 품 안에 안겨 있는 산중 동네다. 통일신라시대의 대표적인 선종사찰 중 한 곳이었던 '사자산 법흥사'도 이곳에 있었다. 법흥사는 부처의 불사리를 모신 적멸보궁이 있어서 강원도 산중에 사는 사람들은 물론이고 전국의 불교 신도들이 죽기 전에 꼭 한 번 참배드리고 싶어 하는 곳이기도 했다. 적멸보궁 뒤편은 가파르고 험준한 사자산 벼랑이다. 그 벼랑으로 이루어진 바위 사이에 피처럼 붉은 황토가 있었다. 그 양이 매우 적어서 황토산이라는 말은 결코 붙일 수 없었다. 주촌마을은 깊은 산중이어서 농사지을 만한 기름진 땅이 별로 없었다. 주로 가파른 산비탈에다 계단으로 밭을 일구어서 먹거리를 심어 가꾸었고, 산에서 나는 산나물이며 약초들을 먹거나 팔아서 곡식을 구해 먹었다.

흉년은 이곳에도 어김없이 들었고, 굶주림과 질병으로 죽어간 사람도 다른 동네 못지않았다. 무엇보다 쌀, 보리, 감자 같은 식량이 절대 부족한 곳이어서 흉년으로 인한 굶주림은 더 혹독했다. 굶주린 사람들은 법흥사로 찾아가 목숨을 구하곤 했다. 흉년이 계속되면 법흥사 스님들도 굶주리고 병드는 시대의 고난을 피해갈 수 없이 함께 고통을 겪을 수밖에 없었다. 상황이 극단적으로 치달으면 스님들은 옛날부터 비밀스럽게 전해 내려오는 최후의 목숨 연명법을 썼다.

적멸보궁 뒤 바위틈을 파헤치면 붉은 황토층이 드러났다. 황토를 소쿠리에 퍼 담아 가져와서 빈 독에 넣고 물을 가득 채웠다. 얼마를 지나면 황토가 물에 풀어져서 부드러워진다. 막대기로 휘휘저어서 흙물을 바가지로 퍼내어 다른 독 위에 체를 걸쳐놓고 붓는다. 흙이 점점 곱고 부드러워진다. 그러기를 서너 번 반복한 다음 가라앉힌다. 하룻밤 지나면 황토 알갱이는 가라앉고 그 위에 고인 물도 맑아진다. 그렇게 가라앉은 곱고 부드러운 황토를 지장토地藏土라 불렀다. 인간의 목숨을 관장한다는 지장보살의 가피력을 입은 흙이라는 뜻이다. 지장토를 한 움큼 들어내어 오지그릇에 담고 그 위에 쑥을 뜯어 삶아서 찧은 것과 솔잎을 잘게 썰어서 섞은 것을 지장토와 버무린다. 솔잎이 많을수록 좋다고 여겼다. 그렇게 버무린 지장토를 지짐 굽듯이 구워 먹거나 솥에 넣고 끓여서 죽처럼 먹었다. 지장토죽은 1900년대 초기까지 그 눈물겨운 흔적이 남아 있었다.

법흥사는 솔숲이 참으로 울창하다. 일제 말기 조선총독부에서 송진 강제징수를 할 때 그 소나무들은 모진 시련을 겪었다. 밑둥치에 구멍을 내거나 껍질을 벗겨내고 송진을 뽑아내는 사람들이 여러 해 동안 법흥사 솔숲을 드나들었기 때문이다. 지금도 그때의 상처가 아름드리 소나무 밑둥치 곳곳에 흉한 상처로 남아 있다.

산골 비탈밭에서 일하다 목이 마를 때나 산길을 오르내리다 갈증이 날 때 솔잎을 꼭꼭 씹으면 웬만한 목마름은 가셔지는 것을 느껴본 이는 안다. 현대의 민간요법 안내서들도 솔잎에 들어 있는 옥실팔티민산이 젊음을 유지시켜주는 강력한 작용을 한다고 밝히고 있다.

『향약집성방』에는 솔잎 먹는 방법을 적어놓았다. 솔잎 적당량을 좁쌀알처럼 잘게 썬 다음 부드럽게 갈아 한 번에 8그램씩 술에 타서 먹으라고 했다. 몸이 거뜬해지고 힘이 솟으며 추위를 타지 않고 앓지 않으며 오래 산다고 한다. 솔잎은 아무 때나 신선한 잎을 따서 그대로 써도 되지만 보통 겨울철에 딴 것을 가장 좋게 쳤다. 하루 20그램 정도 사용하는 것이 좋은데 외용약으로 쓸 때에는 달인 물로 씻거나 찧은 즙을 짜서 바른다.

솔잎을 오래 먹어 변비가 있을 때에는 콩가루나 느릅나무 가루를 먹으면 된다. 청솔잎을 매일 두세 개씩 씹어 그 즙을 먹으면 암에 걸리지 않는다는 솔깃한 속설도 있지만 의학적으로 증명된 것은 아닌 것 같다. 하지만 소나무 식량을 말하는 자리에서 의학 운운하는 것도 멋쩍은 일이다.

한방에서는 솔을 약술 형태로 복용하는 경우가 있다. 수렴성 소염작용과 통증을 진정시키고 피를 멎게 하고 마비를 풀어주는 효능이 있으며 다친 데, 습진, 옴, 신경쇠약증, 머리털 빠지는 데, 비타민C 부족증 등의 치료에 쓰인다. 중풍으로 입과 눈이 비뚤어졌을 때, 감기 기운이 있을 때에도 효험이 있다.

솔잎주는 막걸리 1리터에 솔잎 400그램을 넣고 밀봉한다. 15일 뒤 솔잎 찌꺼기를 버리고 한 번에 한 잔씩 하루 세 번 공복에 마신다. 습기가 많은 곳에서 생활하거나 중풍으로 요통을 앓는 질환에 효험이 있다. 솔잎차는 솔잎 300그램과 설탕 200그램을 물에 넣고 섭씨 60도에서 열 시간 정도 달인다. 우러난 솔잎을 체에 걸러내어 적당량을 마시면 된다. 산중에서 공부 많이 하시는 스님들이 즐겨 마신다. 머리나 근육이 피로할 때, 신경통, 팔다리 마비, 고혈압 예방과 치료에 쓰기도 한다.

솔잎베개는 그늘에서 말린 솔잎과 박하잎을 9 대 1 비율로 섞어 베개에 넣어 베고 잔다. 2, 3일마다 속을 바꾸어 넣는데 잠이 잘 오고 숙면할 수 있다. 솔잎땀은 한증막이나 목욕탕에 솔잎을 깔고 땀을 내는 것인데 신경통이나 중풍치료에 쓰인다. 그 밖에도 솔잎을 믹서에 넣고 갈아서 벌꿀을 섞어 먹는 간편한 방법도 있다.

추석 명절 때나 좋은 일을 기리는 잔치 때는 솔잎을 시루 바닥에 깔고 송편을 찌기도 한다. 이렇듯 즐겁고 아름다운 일과 만나는 솔잎은 향기롭지만, 그보다 훨씬 아프고 섧고 피눈물 나는 굶주림의 긴긴 민중 역사 뒤안길의 솔잎은 영혼까지 아려오는 생존의 일기였다.

솔갈비 예술가들의 시절

예나 지금이나 땔감은 백성들의 생활필수품이다. 석탄이나 석유, 천연가스 등 지하 매장물을 연료로 쓸 줄 몰랐던 시절의 땔감은 대부분 산에서 나오는 목재와 그 부산물 들이었다. 그런데 산림은 모두 국유지여서 그것을 이용하는 데에는 늘 문제가 뒤따랐다. 하지만 백성들이 마을 주변에서 땔감을 채취하는 행동은 금지시킬 수 없었다. 왜냐하면 유일한 땔감 자원이 숲이고, 그 숲은 산에 있었기 때문이다. 그리하여 생긴 말이 무주공산無主空山이다. 즉 산림은 개인이 소유할 수 없지만 누구든 이용할 수 있다는 말이다.

소나무의 경제성이 점점 높아지자 왕실과 세도가들은 앞다투어 좋은 솔숲을 사유화하기 시작했다. 1788년 정조는「송금사목」松禁事目을 제정했는데, 이는 소나무를 보호하고 육성하기 위한 규정집이었다. 소나무는 전투함정이나 세곡 운반을 위한 수송선의 건조, 궁실의 건축용재로 효용성이 크기 때문에 남벌을 금하면서 관련 있는 모든 국가기관이 나서서 숲을 관리해야 한다는 내용이었다.

이 금령은 감시책임자인 산지기의 임명자격 기준, 감시지역의 넓이, 근무연한, 특전, 처벌조항 등을 정하고 있었다. 또한 이 내용을 한글로 번역하여 관할 주민에게 널리 알리도록 하는 문제까지 언급하고 있다. 그런데도 세도가들은 온갖 수단 방법을 써서 국가 소유인 산과 숲을 불법으로 점거했고 서민들은 점점 땔감조차 구하기 어렵게 되었다. 소나무뿐만이 아니었다. 산에서 나는 잡목들과 약초, 산나물, 버섯 들을 비롯하여 땔감으로 사용할 수 있는 억새풀 등도 점점 경제성이 커졌다.

특히 인구가 증가하면서 땔감의 수요는 폭발했다. 땔감을 사고파는 시전市廛, 즉 땔감시장 규모가 전국적으로 커지면서 이익을 많이 남기는 사업으로 변해갔다. 지역 세도가들의 경쟁 사업이 되자 국유지 임야를 사유화하는 불법 행위도 점점 노골화했다. 서민들은 가만있지 않았다. 아직 점거 되지 않은 솔숲을 공동의 힘으로 지키면서 세도가에 대항하기 시작했다. 이 같은 목적으로 송계松契

이인상, 검선도, 종이에 담채, 96.7×61.8cm, 국립중앙박물관 소장.
이인상은 청절(淸節)한 풍류인으로 보기 드문 선비였다. 여기로 서화를 즐겼으
나 도를 벗어남이 없었다. 그의 그림은 「설송도」「관폭도」를 비롯 십수 점의
작품이 보일 뿐 많지 않다. 이 그림은 어느 중국 화가의 「검선도」에서
느낌을 얻어 '취설옹'이라는 분에게 그려준 것이다. 화면 아래에서
위로 뻗어 올라간 소나무가 기이하게 오른쪽으로 가지를 뻗고 있는 점과
소나무를 배경으로 화면 중심에 배치된 인물의 가늘고도 힘찬 선에서
문인화다운 서법적 필치가 돋보인다.

가 조직되었다. 송계의 확산으로 마을 공유림이 만들어지고 산림의 황폐도 어느 정도 막을 수 있었다.

장작이 땔감으로는 최고지만 워낙 금지하는 것이라서 세도가나 특별한 경우가 아니고는 흔하게 쓸 수 없는 물건이었다. 그 대신 마른 솔가지와 솔갈비솔가리가 땔감의 주류를 이루었다. 솔갈비는 가을철 들고 나서 날씨가 추워지고 서리가 내리면서 작년 봄에 생긴 솔잎이 영양 부족 현상으로 색깔이 누렇게 변하여 떨어지는 것을 말한다. 낙엽이 되어 떨어져 쌓인 솔갈비는 겨울철 내내 갈퀴로 긁어모아 집으로 가져오는 좋은 땔감이었다. 대나무를 쪼개서 만든 갈퀴로 솔갈비를 긁어모은 다음 깍지로 장을 짓는데, 자세히 살펴보면 매우 정교하고 세련되니 감각을 요구하는 행동이다.

장이 처진 솔갈비를 바지게 위에 얹어 차곡차곡 쟁여 쌓는 모습은 조각 작품을 빚는 것 같다. 지게에 얹어서 짐을 싣는 싸리나 대오리로 둥글넓적한 조개 모양같이 결어서 접었다 폈다 할 수 있는 발채 위에다 솔갈비 장을 차곡차곡 포개 얹으면서 앞뒷면을 가지런히 손질하는 모습은 가히 예술가의 감성을 느끼게 한다. 오래도록 머슴살이해온 상일꾼들의 솔갈빗짐은 기름기가 자르르 흐르는 아담하고 정교한 공예품을 보는 것 같다. 농부를 시인이라고만 하지 말고 예술가라고도 부른다면 아마 솔갈빗짐을 두고 이르는 말일 것이다.

농사를 알뜰하게 짓고, 땔감 더미가 여럿 쌓여 있는 집에는 으레 몇 해 묵은 솔갈빗가리가 하나쯤 곳간 뒤꼍이나 사랑채 뒷마당 모과나무 밑에 곰삭은 침묵으로 쌓여 있게 마련이다. 곰삭고 해묵은 솔갈빗가리가 바람 없는 겨울 한낮 햇살을 받고 있고, 그 옆에 누렁이가 졸고 있는 모습을 바라보면 마음이 차분하게 가라앉는다. 넉넉함, 여유로움, 무엇보다 꿋꿋하고 은근한 지조와 온유한 미덕이 풍겨 나온다.

솔갈비를 때고 부엌에 남은 재는 또 다른 용도를 지닌다. 콩나물시루에 받쳐 잿물을 뽑아 빨래를 하는 훌륭한 세제가 되는 것이다. 인분과 함께 버무려서 못자리판 거름으로 쓰거나, 목화씨에 버무려 파종하면 목화씨가 움틀 때까지 수문을 조절해주는 역할도 해준다.

솔갈비는 가난한 사람들이 땔감시장에 내다 팔아서 생활비를 마련하는 훌륭한 상품이기도 했다. 솔갈비를 정사각형 또는 직사각형 형태로 쌓아서 두 줄로 묶어 지게로 져서 나르거나 수레나 소달구지에 싣고 시장까지 운반해가서 소비자에게 파는 것이다. 닷새장이나 이레장날이면 우리나라 어느 곳 가릴 것 없이 땔감으로 나온 솔갈비를 사고파는 곳이 가장 볼 만한 풍경이었다. 산을 소유하지 못한 대부분의 가난한 농민들이 주로 솔갈비를 팔러 왔다. 솔갈비 한 짐을 팔면 소금절이나 생선 서너 마리 살 수 있을 정도였지만 넓고 큰 세상과 소통할 수 있는 다시 없이 고마운 인심이라 여겼다.

잘 마른 솔갈비는 깨끗하고 효과적인 땔감이었다. 무엇보다 매운 연기가 거의 없고 불땀이 고르고 세기 때문이다. 장작이나 마른 삭정이 같은 활활 타는 불기운은 아니지만 자작자작 소리 내며 타오르는 고른 불길과 은은한 마른 솔잎 향기며 무엇보다 고요하고 차분한 불꽃이 정겨웠다. 봄날 철쭉꽃이며 진달래꽃으로 화전을 붙일 때 가장 어울리는 땔감이기도 하고, 제사나 잔치 준비 할 때 아낙들이 둘러앉아서 조곤조곤 세상 얘기하면서 전을 붙일 때도 아주 잘 어울리는 땔감이다. 식구가 많지 않은 집의 밥 짓는 데도 좋고, 숭늉 끓이거나 미음 끓일 때도 잘 맞는 땔감이었다. 장작불이 전투적이라면 솔갈비불은 살풀이춤이다.

해방이 되고, 6·25전쟁도 그친 1950년대 한국의 마을 가까운 산은 마치 빗자루로 말끔하게 쓸어놓은 것처럼 황폐해져서 삭막한 풍경이었다. 자잘한 소나무는 모조리 베어다 땔감으로 썼고, 소나무 밑의 솔갈비는 하도 자주 긁어가다보니 땅이 반질반질했다.

소나무를 태운 그을음을 송매松煤 또는 송연松煙이라 하는데, 좋은 먹을 만드는 재료가 되었다. 먹은 아교를 녹여 넣은 물에 그을음을 반죽하여 만드는데 그을음 중에서는 소나무 태운 것을 으뜸으로 쳤다. 우리나라 송연묵松煙墨은 당나라에서 수입해 갔을 만큼 유명했다.

소나무재는 그릇 굽는 데에도 유용하게 사용되었다. 소나무재로 만든 유약은 느릅나무나 싸리나무, 감나무재로 만든 유약과 함께 명품을 빚어내는 데 신비스런 빛깔을 변이시켜내는 비밀을 품고 있다. 특히 조선시대의 백자가 그토록 아름다울 수 있었던 것은 한국의 좋은 소나무로 만든 재와 장작불 때문이었음은 잘 알려지지 않은 비밀 중의 비밀이다.

솔갈빗가리가 있는 한적한 시골 풍경, 청솔가지 타는 냄새, 장작불이 타오르면서 울려 나오는 적막의 신호음, 솔갈비 타오를 때 은은하게 풍기는 제삿날 혹은 잔칫날의 그윽한 설레임이 오늘 우리의 추억 어느 깊은 산모롱이에서 돌아오지 못하는 우리들을 기다리고 있는 것은 아닐까? 어디쯤 오고 있느냐며 당신의 이름을 부르고 있지는 않을까?

아, 가난과 배고픔으로 이 산, 저 산 소나무 모두 베어서 먹어치우고, 솔갈비도 긁어 먹어치운 뒤, 민둥산 아픈 살점도 허물어 먹은 뒤, 여름철마다 빗물에 씻겨 붉은 흙탕물로 소리 소리치던 저 홍수와 태풍 때의 그 분노의 산사태와 비에 젖은 유랑민들의 절규도 모두 소나무의 역사로 잠들어 있다.

세 번째 갈래: 솔뿌리로 묶은 세월

소나무 줄기의 껍질뿐만 아니라 뿌리의 껍질도 식품으로 이용되었다. 『본초강목』에서도 근백피根白皮는 목피木皮 또는 적룡피赤龍皮라고도 하는데 독이 없으며 벽곡辟穀, 곡식은 안 먹고 솔잎을 조금씩 먹고 사는 것으로 쓰인다는 기록이 있다.

소나무의 부산물 중에는 솔뿌리혹, 즉 복령茯苓이라는 것이 있다. 소나무를 베어낸 그루터기 밑에서 죽은 솔뿌리에 생기는 땅속버섯을 말한다. 죽어서도 인간을 위하여 뭔가가 되고 싶어하는 소

경남 의령, 소나무 뿌리.
살아 있는 솔뿌리는 일상생활에 유익한 필수품이었고,
죽은 솔뿌리에서 자라나는 복령은 훌륭한 약재로 쓰였다.

나무의 자비심이다. 흰 것을 백복령, 붉은 것을 적복령, 소나무 뿌리를 둘러싸고 있는 것을 복신(茯神)이라 불렀다. 나이 든 소나무를 베어낸 후 4, 5년이 지난 뒤부터 뿌리에 생기는데 예로부터 피를 맑게 하는 신비한 효험이 있는 것으로 알려져왔고, 특히 비만 체질을 건강하게 바로잡는 데 특효가 있다 하여 농촌진흥청에서 인공 재배를 시도한 결과 성공했다는 보고도 있었다.

솔뿌리혹이 있는 곳은 보통 땅이 갈라진다. 두드려보면 땅속에서 빈 소리가 난다. 소나무 그루터기 주변에 흰 가루 같은 것이 발견되기도 하고 소나무 죽은 뿌리에서 누르스름한 액체가 흘러나오기도 한다. 채취하는 시기는 봄에서 가을 사이에 솔뿌리혹 꼬챙이로 소나무 주변을 찔러보아 탐지해낸다. 캐낸 솔뿌리혹은 흙을 털고 껍질을 벗겨 적당한 크기로 잘라서 햇볕에 말려 이용한다.

산중에 살던 옛사람들은 눈이 녹는 봄철이 되면 망태기를 메고 긴 쇠꼬챙이를 가지고 산을 누비면서 복령을 캤다. 소담스럽고 고구마처럼 생긴 복령을 캐면 산중의 봄 한철 식량 걱정은 거뜬하게 해결해줄 만큼 비싼 값을 받는 고급 약재였다. 소나무는 썩어서도 인간을 위한다는 증거다.

복령으로 지은 여러 종류의 약은 건강하게 오래 사는 명약으로 알려져 있다. 소변을 편하게 해주고, 가래를 삭이며, 정신을 안정시키는 데 주로 사용된다. 약리실험에서도 이뇨작용을 하고 혈당량을 낮추어주며, 진정작용을 한다고 밝혀졌다. 면역력을 회복시키고 항암작용도 한다. 건망증, 수면장애, 만성소화기 질병에도 쓰이며 가슴 두근거리는 증상에도 효험이 있는 것으로 알려졌다. 복령 삶은 물에 목욕을 자주 하면 회춘과 장생에 큰 도움이 되는 비방이라 하여 왕실에서 즐겼다.

복령은 죽은 솔뿌리에서 생기지만 살아 있는 솔뿌리는 또 다른 유익한 생활필수품이었다. 솔뿌리 중에서 지표면 가까이 뻗어 있는 가늘고 긴 솔뿌리는 농촌 생활에 없어서는 안 될 귀한 물건이었다. 솔뿌리를 뽑아내어 말뚝이나 기둥 혹은 고정된 물건에 걸고 좌우로 힘껏 잡아당겨 훑으면 부드럽고 질긴 줄기로 변한다. 비닐제품 끈이나 합섬으로 만든 온갖 종류의 끈이 만들어져 나오기 전에는 솔뿌리 끈의 역할은 절대적이었다. 함지박 터진 것을 꿰매거나 각종 농기구 손잡이가 터지고 갈라졌을 때 솔뿌리 끈은 도깨비 방망이의 요술 같은 위력을 보여주었다.

무엇보다 대나무를 잘게 쪼개서 엮어 만드는 죽세공품들, 곡식알을 고르는 데 사용하는 키, 작은 알갱이를 골라내거나 여러 가지 물건들을 걸러내는 데 필수적인 체를 메울 때에는 솔뿌리 끈 없이는 불가능했다. 질기고 단단하며 이음새와 매듭이 매끄럽고 고와서 훌륭한 공예품으로 손색이 없었다. 주로 나무나 대로 만든 것들과 잘 조화를 이루었고 오래될수록 질박하고 정겨운 멋이 느껴졌다. 그리하여 생겨난 말이 있었다. '정 떨어져 헤어진 남녀를 꿰매는 것 말고 솔뿌리 끈으로 못 꿰매는 것은 없다' '길바닥 터진 데 솔뿌리 걱정한다'는 속담도 있었다. 안 해도 좋을 걱정을 한다는 핀잔의 뜻이었다. 솔뿌리는 조선 산하 어디든 지천으로 뻗어 있고,

마음만 내면 언제 어디서든 해결된다는 의미이기도 했다.

일제 강점기 일본을 대표하는 미술사학자가 있었다. 야나기 무네요시柳宗悅라는 사람이다. 그는 우리나라 남도 지방을 여행하면서 솔뿌리로 엮거나 묶은 농촌의 생활용품을 많이 수집하여 일본으로 가져갔다. 그리하여 이런 물건들에 '민예품'民藝品이라는 이름을 붙였다. 한국인이 만든 물건들 중에서 한국인의 일상생활에서 늘 쓰이면서도 깊은 예술성을 느낄 수 있는 것이라고 평가했다.

솔뿌리는 손에 닿는 촉감이 좋다. 물이 묻어도 괜찮다. 물에 담그면 더욱 질기고 부드러워져서 물속에 담근 채 오래 사용해도 곰팡이가 슬거나 변질되지 않는다. 송진이 부패하는 것을 막아주기 때문이다. 그래서 강이나 바다에서 뱃사람들이 사용하는 도구들 중에는 솔뿌리 끝을 묶거나 손잡이를 매듭짓고 엮거나 마감한 것들이 많다.

밥솥을 씻을 때에도 솔뿌리를 실꾸리처럼 둘둘 말아서 썼다. 사용할수록 질기고 잘 씻기며 향긋한 송진 냄새가 풍겨서 설거지하는 운치를 더해주었다. 이따금 기름기가 묻은 그릇을 씻어야 할 경우에는 잿물이나 쌀겨를 묻혀서 씻으면 그릇도 깨끗해지고 구정물도 더 좋은 거름이 되었다. 솥과 그릇을 다 씻고 난 행주는 마른 곳에 얹어두면 언제나 희고 정갈한 모습으로 바뀌었다.

네 번째 갈래 : 어둠 속 길러낸 지혜의 관솔불

짚방석 내지 마라 낙엽엔들 못 앉으랴
솔불 혀지 마라 어제 진 달 돋아 온다
아이야 박주산채일망정 없다 말고 내어라

석봉石峯 한호韓濩, 1543~1605가 쓴 옛시조다. 술자리의 흥취를
돋우는 산촌 가을밤의 운치를 담아낸 작품이다. 한호는 추사 김정
희와 함께 근세 한국의 글씨와 그림을 대표하는 문인으로서, 흔히
'한석봉'으로 더 잘 알려진 인물이다.

짚으로 만든 방석일랑 내놓지 말아라
이 좋은 가을밤에 낙엽 위엔들 어떠랴
관솔불도 켜지 말거라
이제 잠시 뒤면 어제 진 달이 떠오를 테니까
아이야, 맛이 덜한 막걸리에 산나물 안주면 또 어떠랴
부탁하노니 부디 없다고만 하지 말고 가져다주려무나

두 번째 줄의 첫머리 '솔불'은 관솔불을 말한다. 관솔은 소나무
의 송진이 많이 엉긴 부분인데, 솔가지를 베거나 꺾을 때 소나무
몸통과 연결된 부분이 뾰족하게 남겨진 가지의 흔적이다. 솔가지
를 꺾은 뒤의 상처에 송진이 흘러나와서 엉긴 채 말라 있기 때문에

142

불이 잘 타오른다. 관솔을 채취할 때는 톱이나 칼로 소나무 몸통과 가지가 붙은 부분을 잘라낸다. 관솔에다 불을 붙이면 관솔불인데, 크기에 따라서 쓰임새도 여러 가지다. 관솔불, 솔불, 송거松炬, 송명松明이라고도 불렀는데, 등불이나 촛불 대신 사용했다. 석유나 전깃불이 없었던 시절에는 매우 소중한 등불 재료 중 한 가지였다. 촛불은 양반사대부들 집에서나 켤 수 있었고, 서민들은 주로 들깨기름을 짜서 만든 들기름불이나 아주까리기름, 동백기름을 썼다. 이마저도 마련할 수 없는 가난한 사람들은 대개 관솔을 장만하여 관솔불로 등불을 삼았다.

관솔은 석유등과 전깃불이 없었던 시절 우리들의 밤을 밝혀주던 꿈의 등불이었다. 여름날 푸른 어둠의 저녁, 대삿자리나 멍석, 평상이나 이런저런 깔개를 깔고 앉아 희멀건 수제비 국물로 끼니를 때울 때나 밤이 이슥토록 세상 얘기로 신산한 삶을 다독거릴 때 관솔불은 그저 우리네 삶의 질박하고 도타운 동행자였다. 관솔을 잘게 쪼개어 돌팍돌멩이 위에 올려놓고 태우면 불빛 밝기보다는 시꺼먼 그을음이 더 관심을 끌었다.

관솔불을 잘 다스리는 산촌의 가정집에서는 흙방 귀퉁이에 제비둥지처럼 흙을 만들어 붙여서 등잔으로 쓰는 집들도 더러 있었다. 그렇게 관솔불을 밝혀놓고서 길쌈을 하고 바느질을 했다. 초상집에서는 밤새도록 관솔불을 여러 군데 켜두어야 하기 때문에 관솔 장만하는 일이 여간 고생스럽지가 않았다. 그래서 웬만하면 아예 불을 켜지 않고 어둠과 마주 앉아서 사는 집도 더러 있었다. 그렇게 살아온 세월이 수 천 년이었다.

관솔불은 민간보다 군대에서 더 유용하게 쓰였다. 특히 죄수들이 수감되어 있는 감옥이나 야간 이동 때는 관솔다발을 만들어서 행군 대열의 군데군데 관솔불을 치켜든 사람이 어둠을 밝혔다. 주둔지에서 야영을 할 때도 관솔불은 필요한 군수품이었다. 산중의 사찰들은 물론 대부분 사찰들의 대웅전 앞 돌계단 아래에는 정료대庭燎臺라 부르는 돌로 된 장식물이 있었다. 윗부분을 움푹하고 둥그렇게 파서 들어내고 그 안에다 관솔을 쌓아놓고 불을 붙이면 주위가 밝아졌다. 큰 행사를 할 때는 밤새도록 관솔불을 밝혔다. 그런가 하면 대궐에도 정료가 있었다. 나라에 큰일이 생겼을 때 급히 입궐하는 신하들을 위하여 밤중 대궐의 뜰에 피우던 화톳불을 담던 돌로 된 그릇이다. 이 화톳불의 재료도 관솔이었다.

이성계군의 '위화도 회군' 때에도 이 관솔다발에 켠 불빛은 폭우 속에서도 꺼지지 않았을 만큼 위력적이었다.

이처럼 생활 전반에 걸쳐 등불로 쓰였던 관솔은 그 효능만큼이나 다양한 사투리로 불렸다. 간솔·감솔·강솔·개이·관송깽이·광솔·광솔까지·괴이·소깽이·속깨이·솔깡이·솔깨·솔깨이·솔깽·솔깽이·솔꽝·솔꽝이·쏠꿩이 그리고 제주도에서는 살칵이라고 부른다.

송진이 많이 엉켜 있는 이 관솔에 통한의 한국 역사가 묻어 있다. 일제 식민지 통치를 받았던 1943년 가을부터 1945년 여름까지 조선총독부는 당시 한국의 모든 초·중등학교에 관솔 수집 총동원

144

정선, 만폭동도, 비단에 담채, 33×22cm, 서울대학교박물관 소장.
중국의 남송과 원나라 화원체의 모방이 극심하여 한국의 산수화가
웅장미를 상실했다는 지적이 있다. 이 같은 비판을 극복해낸 화가가
겸재 정선이라고 한다. 그만의 독자적 구도와 화법으로 금강산의
대자연을 좁은 화폭에다 담아내는 괴력을 보였다. 이 작품은
병자·정묘호란 이후 극단적으로 중화사상에 매달려 있던
조선의 역사의식과 사상을 바로 세우려는 인문적 정체성 논의가
일기 시작하던 시대정신과 맞물린 것으로서,
소나무 정신의 완결체라고도 말할 수 있을 것이다.

령을 내렸다. 일제는 태평양전쟁을 시작하여 한동안 승승장구했지만 연합군의 총반격이 되살아나면서 모든 전선에 걸쳐 후퇴와 패전이 계속되었다. 특히 미국 폭격기들의 일본 본토 군수기지와 연료저장소에 대한 집중 공격과 연합군 잠수함들의 일본군 수송선박에 대한 총공격은 일본군에 치명타를 가했다. 일본 전투기들은 연료 부족으로 제한적인 비행밖에 할 수 없게 되었다. 그러자 대본영에서는 항공기 연료를 만들기 위한 비상대책을 세웠다. 소나무 관솔의 송진을 증류시켜서 휘발유를 추출해내는 방법이었다.

조선총독부는 참으로 해괴한 총동원령을 내렸다. 도 단위로 관솔 수집량을 강제 배당했다. 도에서는 다시 군 단위로 수집해야 할 양을 배정하고, 군에서는 면 단위로 떠맡겼다. 일차적으로 학교에다 배정했다. 학교장을 학년별로 세분하여 배당량을 정했는데 초등학교 1학년은 한 사람당 1관3.75킬로그램, 6학년은 한 사람당 3관, 사범학교 졸업반은 한 사람당 7관씩 배당시켰다. 처음엔 일주일의 기간을 주었다가 전황이 점점 불리해지면서 5일 또는 3일로 단축되었다.

학교 수업은 아예 폐지시킨 채 관솔 채취로 내몰았다. 학생들은 저마다 톱·낫·도끼·자귀까뀌로 불리는 손도끼를 들고 소나무 숲속을 누볐다. 소나무들은 난데없는 수난을 겪었다. 마른 송진이 엉겨 있는 관솔이 모조리 잘려 나가고 나자 멀쩡한 솔가지를 톱으로 잘라냈다. 하루나 이틀이 지난 뒤엔 잘려 나간 자리에 송진이 엉겨 붙었기 때문이다. 그러면 다시 소나무 몸통에 바싹 붙여서 잘라

내어 각자에게 배정된 양을 채웠다. 그래도 배정받은 양이 모자라는 사람은 마지막 수단을 썼다. 아름드리 큰 소나무 밑둥치에다 상처를 내어 송진을 뽑아내는 것이었다. 이는 자칫 큰 소나무를 죽일 수도 있는 위험한 짓이었지만 어쩔 수가 없었다. 처음엔 서로 눈치를 살폈지만 누군가가 먼저 시작하자 그때부터는 경쟁적으로 달려들었다. 그리하여 우리나라 솔숲 울창한 곳이면 어느 한 곳 성한 데 없이 소나무 밑둥치에 커다란 구멍을 냈고 그 상처는 70년이 다 되어가는 지금까지도 흉물스럽게 남아 있다.

어린 학생들이 배당받은 양을 정해진 시간 안에 채워내는 것은 처음부터 불가능한 일이었다. 어처구니없는 광경을 바라보던 학부형들이 나설 수밖에 없었다. 검사 날짜에 맞춰 배당된 관솔을 내놓지 못하면 매를 맞는 것은 물론이고 심한 경우에는 사상범으로 몰려 가혹한 처벌을 받기도 했다. 불행을 피하기 위해 온 식구들이 관솔가지를 수집하는 데 매달려야만 했다. 어린 학생들에게 과중한 양을 배정한 데에는 처음부터 조선총독부의 치밀하고 간교한 계산이 깔려 있었던 것이었다. 굳이 한국인 총동원령을 내리지 않고도 거뜬히 목표를 달성할 수 있다는 속셈이었다.

1944년 여름부터는 학교뿐만 아니라 모든 마을 단위에까지 관솔 수집이 강제 배당되기에 이르렀다. 그렇게 수집된 관솔은 부대나 가마니에 넣기도 하고 일정량을 한 묶음씩 끈으로 묶어서 학교 운동장이나 마을 앞 타작마당에다 가득가득 쌓아두었다.

한국인을 총동원하여 소나무 관솔가지를 수집하면서까지 발악

강원도 영월 법흥사 소나무 송진 채취 상처.
소나무에는 식민지를 견뎌낸 민족의 상처와
애환이 고스란히 남아 있다.
이 상처의 흔적이 지워지지 않는 한
한국인 영혼에 깊게 패인 상처도
치유되기 어려울 것이다. 어찌 잊고, 덮어버리고,
살 수 있으랴. 참회와 용서가 없이는 불가능한 역사문제나.

했지만 일본은 패했다. 해방 후 학교 운동장에 쌓여 있던 관솔다발들은 겨울철 난방용으로 쓰이기도 했지만 그때 관솔을 만들기 위해 일부러 자르고 벗겨낸 소나무숲들은 더 이상 자라지 못하고 서서히 죽거나 베어지고 말았다.

일제가 물러난 한국 산하는 민둥산 벌거숭이였다. 산만 그런 것이 아니라 인간도 벌거숭이였다. 그렇게 소나무 숲이 사라져버린 민둥산을 바라보며 서 있는 한국인의 육신은 오랜 허기와 노동과 유랑으로 병들었고 끊임없는 변절의 강요와 탄압 아래서 정신은 황폐해졌다. 일제는 한국의 솔을 죽임으로써 한국인의 정신을 더럽히고 병약하게 유린해놓고 섬나라로 돌아갔다.

침략자 일본이 떠나고 민둥산 아래서 좌익과 우익으로 찢어져 싸우고 죽이기 시작한 우리의 정신은 소나무와 많이 멀어져 있었다. 말과 글로 일본제국에 아부하고 굴종하여 친일했던 지식인들은 여전히 국가 관리였고 교사와 교수였고 경찰과 법관 또는 변호사였다. 그때는 어쩔 수 없었노라 했다. 너무나 앞이 안 보여서 영영 일본 압제에서 벗어날 수 없으리라 여겼고, 모진 목숨 끊지 못하고 사는 데까지 살자 한 것이 친일이 되고 말았다며 피식 웃어넘겼다.

목숨 바쳐 독립운동했던 사람들만 살아 있지 않았다. 세상은 오직 살아 있는 자들의 몫이었다. 변명과 거짓말, 꽉 다문 입과 재빨리 감추고 소멸시켜버리는 자신의 추악한 과거사들을 처리하는 손, 함께 살자며 손잡고 연대하여 궤변과 위선으로 정치권력에 편

승한 자들은 모두 소나무 정신을 잊어갔다.

관솔불 대신 석유 등잔과 호롱불을 켰다. 전깃불도 드물게 보였다. 소나무 정신은 관솔불이 사라지는 것과 동시에 소멸되기 시작했다. 솔은 한국의 역사와 한국인의 운명을 함께 겪어온 나무만이아니라 한국인 그 자체라고 말할 수 있어야 하는데, 그래야 하는데말이다.

다섯 번째 갈래: 한국인 몸속엔 피, 소나무 안에는 송진이

소나무의 피라고도 불렀던 송진은 그 쓰임새가 참 다양했다. 크게는 약으로 썼고, 공업용으로도 널리 썼다. 송진은 소나무 줄기에서 분비되는 누런빛 또는 갈색을 띤 누런빛의 끈끈한 액체다. 테레빈terebin유油는 테레빈티나terebinthina를 정제하여 얻어낸다. 소나무나 잣나무과 식물의 수지를 증류시켜 얻는 휘발성 정유다. 테레빈유 주성분은 탄화수소인데 맛은 아주 시큼하고 특이한 향기를갖는 무색 또는 담황색의 끈끈한 액체다. 공기 중에서는 산화하여수지상이 된다. 끓는점은 섭씨 155도에서 165도이다. 각종의 용제溶劑 및 와니스, 페인트 제조 또는 합성장뇌의 원료가 된다.

또한 송진은 비누·광택제·봉랍·인쇄용 잉크·건조제·종이풀·접착제·바인더·납땜용제·그림용 광택기름·방수제로 쓰인다. 바이올린 등 현악기의 활, 댄서의 신발, 스튜디오와 무대 바닥의 미끄럼방지에 사용된다. 자동차 타이어를 단단하고 질기게 하는 데에도 유용하게 사용된다.

송진이 흙 속에 묻혀서 천년이 지나면 호박琥珀이라는 보석으로 변한다. 특히 송진은 바니시니스의 원료가 되어 가옥, 선박, 자동차, 가구의 광택제와 습기방지제로서 효능을 발휘한다.

송진의 약효에 대해서는 아직도 학문적인 연구가 제대로 이루어지지 않아 대중화를 이루지 못하고 있지만 오랜 옛날부터 민간 의약품으로도 나름의 효험을 인정받아왔다. 절집의 몇몇 스님들이나 민간 식이법을 연구해온 분들은 예로부터 전해 내려온 기록과 얘기들을 사실로 받아들이고 있다.

송진을 백일 이상 먹으면 배고픈 것을 모르고, 일 년 동안 먹으면 백 살 된 노인도 청년처럼 젊어지고 오래 살 수 있다고 여겨왔다. 송진의 약효는 새살을 돋게 한다. 통증을 멈추게 하고 살균력이 강하여 오래된 부스럼이나 상처에 붙이면 고름을 뽑아내고 치유시킨다는 기록이 민간 의학서적들 곳곳에 적혀 전해지고 있다. 실제로 낫으로 풀을 베다가 상처를 입었을 때나 괭이질하다가 발등을 찍거나 도끼로 장작을 패다가 다친 경우에는 송진을 듬뿍 바르고 헝겊으로 싸잡아 매두면 상처가 아무는 것을 경험한 일들은 흔했다.

약으로 쓰기 위해서는 소나무 껍질에 상처를 내어 흘러내린 송진을 물에 넣고 끓인다. 끓고 있는 송진을 약수건 두 겹에 걸러서 찬물에 넣어 엉기게 한다. 엉긴 덩어리를 그늘에 말려서 가루를 내어 사용한다. 짓무르는 부스럼, 불이나 물에 화상을 입었을 때, 습진, 오래된 부스럼, 옴, 머리 밑의 부스럼을 낫게 하는 데도 쓰인다.

이 같은 송진의 염증 치료 효능은 계곡이나 들판으로 흐르는 크고 작은 강물 속에 사는 물고기들에게서도 발견할 수 있다. 계곡물 속에 사는 물고기들이 몸에 상처가 생기면 치료를 받으러 가는 곳이 있다. 홍수 때나 그 밖의 여러 가지 이유로 뿌리가 뽑히거나 부러져서 물에 떠내려가다가 바위틈이나 돌더미 혹은 흙더미에 파묻혀 있는 소나무를 찾아가는 것이다. 그런 소나무 등치나 가지 끝에서 송진이 묻어 있는 곳을 찾아내어 거기다 상처를 비비는 것이다. 물고기들은 신통하게도 송진이 묻어 있는 솔가지나 솔뿌리를 잘 찾아내어 그들만의 훌륭한 약국이자 병원으로 삼는 것이다. 서양 의약품이 귀하던 시절에는 송진가루로 장염, 궤양, 폐질환 치료제로 사용했던 적이 있었다. 정제한 송진가루 5, 6그램을 가루약이나 알약 형태로 만들어 먹었던 것이다.

송진을 약으로 쓰기 위해 법제法製하는 방법에는 여러 가지가 있다. 그중 왕실에서 주로 썼던 비법이 『내시내훈』內侍內訓에 적혀 전해지고 있다.

큰 가마솥에 물을 붓고 시루를 얹는다. 시루 바닥에는 깨끗한 모래를 한 치 두께로 깐다. 그 위에 송진 12그램을 넣고 뽕나무로 불을 땐다. 송진이 흘러내리면 찬물에 넣어 굳힌다. 굳어진 송진을 다시 시루에 넣어 처음과 같이 불을 땐다. 이것을 세 번 반복하면 송진이 백옥같이 변한다. 이렇게 얻어낸 송진은 가루를 내어 뽕나무 재에 섞어 물에 풀어 시루에 찐다. 식은 송진 600그램에 흰 솔뿌리, 즉 백복령白茯苓, 흰단국화 각각 300그램을 넣고 함께 가루를 낸다. 이 가루를 잘 졸인 벌꿀에 반죽하여 천 번을 찧어 벽오동 씨만하게 알약을 짓는다. 하루 50알씩 데운 술과 함께 빈속에 먹는다.

이렇게 정성을 들이는 것을 보면 그만큼 이 송진으로 만든 약이 병 없이 오래 살기 위한 신묘한 약으로 쳤던 모양이다.

여섯 번째 갈래: 송화松花 필 무렵

절기는 입하立夏 · 소만小滿 즈음, 보리밭엔 덜 여문 청보리 이삭들 남풍 불 적마다 길어지는 수염으로 햇볕을 쓰다듬고, 알 품던 노고지리 바람에 놀라 솟구쳐 오르면서 노노고고지지리리 울었다. 푸르게 설레며 빛나는 늦봄 어느 초여름 언저리였다. 초파일 절 가셨다 돌아오는 할머니 흰 고무신 걸음 곁에 올봄도 키 낮은 민들레꽃, 할머니보다 일찍 저무는 할미꽃도 반가운 하루. 절 어귀 돌담 가 해당화 어젯밤 비바람에 다 떨어져 산길 위에 누웠는데, 산꿩 우는 소리에 놀란 청솔모 상수리나무 가지 위로 달아나고, 응달쪽 계곡물은 물봉숭화 꽃빛을 씻으며 흐른다.

묘판의 파룻파룻 어린 모가 얕은 물 위로 키를 높이고, 땅찔레꽃

경북 경주 배리, 바람에 날리는 송홧가루와 송화다식(아래).
소나무는 바람을 이용해 수분하는 풍매화다.
송홧가루에 달린 공기주머니가 봄바람을 타고 날아간다.
각종 영양소가 풍부한 송홧가루는 약으로도 쓰이고
송화주, 송화강정, 다식을 만드는 데 이용되기도 한다.

향기 들바람에 실려서 쑥 캐는 처녀들 고운 목을 간지럽힌다. 그런 날 한낮으론 쉼 없이 남풍이 불어오고, 굴참나무 부드러운 연초록 잎사귀들이 바람에 뒤집히면서 흔들리는 모습이 마치 은어 떼 퍼덕거리듯 희뜩거린다. 이렇듯 산과 들에 생명들이 제 날 만나 한창 아름다울 때쯤이면 송화가 핀다.

> 송홧가루 날리는 외딴 봉우리
> 윤사월 해 길다 꾀꼬리 울면
> 산지기 외딴 집 눈 먼 처녀가
> 문설주에 귀 대고 엿듣고 있다

  박목월의 「윤사월」이다. 노고지리, 초파일, 민들레와 할미꽃, 해당화, 물봉숭화, 땅찔레꽃, 산꿩 우는 소리와 청설모, 그리고 황사와 봄 아지랭이까지 나서야 송화가 피고, 남풍의 날개와 산메아리들의 울림을 따라 송홧가루가 뿌옇게 산천을 뒤덮었다. 황사 이는 날의 송홧가루는 심술궂지만 청명한 날 한낮 남풍이나 동남풍 자락에 실려 오는 송홧가루는 산봉들을 바다의 섬처럼 만들면서 짙은 안개같이 자욱한 연기같이 모든 것을 가물거리게 했다.
  보릿고개 기어오르면서 목마른 조무래기들은 그 아득한 봄날의 배고픔을 위하여 삘기를 뽑아 먹고 찔레순 따먹고 산비탈 칡뿌리를 캐어 씹으며 씹으면서 괜히 고함을 질러댔다. 산메아리가 되어 주고받는 허공의 음률은 슬프고 목이 메었다. 해는 길고 심심한 세상을 위하여 꾀꼬리가 울어주었다. 어서 송홧가루가 다 날려가고 청산 그림자에 저녁연기 포로소롬 선명해져야 송화가 달렸던 솔가지를 꺾어 송기松肌를 깎아 먹게 될 것이다. 어서 그날이 오기를 기다리며 배가 고팠다.

솔잎만큼 유용한 것이 송홧가루다. 송화다식松花茶食, 송화밀수松花蜜水 등 고급 민속식품으로 이용되는 소나무 꽃가루는 한약명으로 송화분松花粉이라 부른다.

늦은 봄 완전히 피지 않은 수꽃망울을 따서 말린 후 꽃가루를 털어서 쓴다. 색깔이 노랗고 부드러우며 잡티가 없고 유동성이 큰 것이 좋은 것이다. 맛은 달콤하다. 송화가 피어 흩날리기 전에 궁핍한 산마을 여인네들은 송화를 땄다. 삼베 보자기를 펴고 따온 송화를 널어 말린다. 송화가 햇살에 잘 마르면 송홧가루를 턴다. 털어낸 송홧가루는 물에 이겨서 잡티를 없앤 뒤 물을 빼고 말린다. 그렇게 장만한 송홧가루는 쌀이나 다른 곡식과 맞바꾸게 된다.

사대부 집안에서는 송홧가루로 다식을 만들어 제사나 잔치 때 사용하기 때문에 많은 양의 송홧가루가 필요하다. 해마다 산골로 사람을 보내 산중 사람들이 정성껏 장만한 송홧가루를 사들여서 보관해두고 일 년 내내 썼다. 때로는 장날에 산중 사람들이 팔러 나온 송홧가루를 사기도 하는데, 산중 사람들은 송홧가루를 팔아 장만한 곡식으로 춘궁기를 넘기고, 노부모 모신 이들은 부모님 여름 양식으로 쓰거나 젖 떨어진 어린것들의 이유식으로 사용하기도 했다.

이렇듯 송홧가루는 가난한 이들에게는 생명을 구원하는 은총의 선물이기도 했다. 송홧가루는 풍습風濕을 없애고 기운을 돋워주며 출혈을 멎게 하는 효험을 지닌 것으로 확인되었다. 꽃가루를 이용한 약재로 송화산松花散이 있다. 송홧가루 15그램 밤가루 80그램을 고루 섞어 한 번에 9그램씩 하루 세 번 식전에 꿀물에 타서 마신다. 만성 소대장염으로 꼬르륵 꼬르륵 배가 끓거나 헛배가 부르고 아프며 소화가 잘 안 되는 증상에 효험이 있는 것으로 알려져 있다.

일곱 번째 갈래: 솔순의 힘으로 펼쳐낸 계절

'소나무가 말라 죽으면 잣나무가 슬퍼한다'는 속담은 불행한 일이 생기면 그와 가까운 사람이 서러워하게 마련이라는 비유다. '소나무가 무성하면 잣나무도 기뻐한다'는 송무백열松茂栢悅, 즉 자기 동류同類가 잘 되면 좋아한다는 속담도 소나무의 청정한 기백에 실려서 전해지고 있다. '솔방울이 울거든'이란 속담도 있다. 소나무에 달린 솔방울이 정말 종소리를 내어 울 리 없는 것이니 도저히 이루어질 가망이 없는 상황을 뜻한다. '솔밭에 가서 고기 낚기'도 불가능한 일을 이르는 말이다. '솔 심어 정자亭子라'는 말도 있다. 식송망정植松望亭이라고 했는데, 어떤 일이 성공하기 가마득하다는 비유다. '솔잎이 새파라니까 오뉴월로만 여긴다'는 말은 근심이 쌓이고 겹쳤는데 그런 줄도 모르고 하찮은 일이 잘 되어 나가

경북 경주 배리, 소나무 꽃.
푸르게 설레며 빛나는 늦봄에서 초여름 언저리,
산과 들에 생명들이 제 날 만나 한창 아름다울 때쯤이면 송화가 핀다.

는 것을 보며 속없이 좋아라 날뛰는 모습을 비유한 것이다. 이처럼 소나무는 한국인 삶 도처에서 비유와 상징으로, 삶의 기준이 되고 지향점이 되며 관계의 미학을 만들어내고 있다.

　소나무는 식품으로서의 가치도 높았다. 소나무의 백피白皮, 즉 속껍질은 식량으로서 단단히 한몫을 했다. 봄철이 되어 소나무의 수액이 활발하게 흘러 다닐 때에는 소나무 속껍질을 생식할 수 있다. 약간 텁텁한 맛도 있지만 달짝지근하고 시원한 맛이 더 많다. 솔잎을 먼저 뽑아낸 다음 날이 예리한 칼이나 낫으로 솔 껍질을 조심스럽게 벗겨내면 그 안에 흰 속살이 드러난다. 두 손으로 솔순 양쪽 끝을 잡고 입에 갖다 댄다. 송곳니로 살며시 물면서 하모니카를 불듯이 왼쪽 오른쪽으로 밀고 당긴다. 맑고 달짝지근한 물이 입 안에 가득 고인다. 입 밖으로 튀어나온 물방울이 뺨을 가볍게 적시기도 한다. 상쾌하고 행복한 맛이다. 그것이 송기松肌였다. 속껍질은 벗겨서 말려 통풍이 잘 되는 그늘에 보관해두었다가 물에 담가 떫은맛을 우려낸 뒤 식용으로 쓰기도 하고 곱게 찧어서 송기떡을 만들어 먹기도 한다. 여기서 임경빈의 「소나무 고考」를 통해 잠시 지난 시절을 겪었던 선인들의 유년 시절 추억 얘기를 들어보자.

　늦봄이 되면 소나무들은 새순을 틔워 그것이 어린 가지로 성숙해 갔었고 이때를 놓칠세라 산에 올라 볼품 있는 소나무 새순을 꺾어 2전錢짜리 양철 붕어칼칼 모양이 붕어와 닮아 있어서 그와 같이 불렀다로 겉껍질을 기술적으로 벗겨내고 얇은 흰 색의 내피를 노출

시킨 다음 하모니카를 불듯이 가지를 움직이면서 내피와 그 안에 담겨 있는 줄줄 흐르는 즙액을 빨아먹었다. 그 시원한 소나무 가지의 물은 산 땅 속의 정기를 뽑아 올린 것으로 신선이 마시는 약물보다도 더한 것이 아니었는가 한다. 그때 시골아이들이 먹고 마시는 것에 별난 것이 없었다.

이와 같이 솔은 한국인의 생활 구석구석까지 젖어들어 있는데, 소나무의 속껍질을 벗겨 양식으로 삼는 대목에 이르면 우리는 다시 옛사람의 슬기와 고난을 다스려 인간의 길을 연 거룩한 슬픔과 만나게 된다.

1434년 경상도엔 흉년이 들었다. 굶어 죽는 사람들의 처참한 모습이 산천에 어지러이 널렸다. 굶주리고 병든 이들을 살펴 구제하기 위해 나온 진제경차관賑濟敬差官이 왕에게 올린 슬픈 글이 남아 있다.

구황식품으로서 상수리가 가장 좋고 다음이 송피松皮이옵니다. 기민饑民이 소나무 껍질을 벗겨 식량으로 하도록 허가하여 주옵소서.

소나무 껍질이 굶주린 백성을 연명시키는 데 큰 도움을 주었다는 사실의 확인과 함께 또 다른 사실을 알 수 있게 해주는 기록이다. 즉 아무리 배고픈 자라 할지라도 주변의 아무 산에라도 가서 지천으로 널려 있는 소나무 껍질을 마음대로 벗겨 먹어서는 안 되고 소나무 껍질을 벗겨 먹기 위해서는 조정으로부터 허가를 얻어야만 한다는 사실이다.

모든 산은 원칙적으로 국가 소유였기 때문에 산림은 개인이 소유할 수 없었다. 또한 울창한 소나무 숲은 국가가 법으로 엄중하게 보호했으며 솔숲은 국가의 귀중한 재산이자 왕실과 귀족들의 관재棺材로서 특별히 보호되었기 때문이다. 살아서 굶주리는 백성들의 허기보다 죽어서 주검이 들어갈 귀족들의 관이 더 중요하다는 오해를 살 만한 대목이기도 하다.

그런가 하면 송편·송순주·송엽주·송실주·송하주는 삶의 여유를 멋으로 승화시킨 소나무 문화였다. 송기의 껍질을 말려서 가루를 낸 뒤 쌀가루를 섞어 떡을 만들거나 죽을 쑤기도 한다. 송기를 넣어 만든 송기개피떡, 송기에 멥쌀가루를 섞어 반죽하여 만든 절편이나 송기병松肌餠도 있었다. 송기를 꿀에 재어서 끓인 것은 송기정과正果, 송피정과라 불렀다. 송기를 넣고 끓인 송기죽은 흉년 때 굶주린 사람들을 구휼하는 고마운 죽이었다. 송기로 자라기 전 부드러운 솔순을 잘라서 만드는 송순주는 여러 가지가 있다. 식초로 쓰기 위한 것도 있고 약으로 쓰기 위해 담글 때도 송순주 담그는 법과 크게 다르지 않았다. 솔순 식초는 잘 익힌 뒤 나물 무칠 때 사용하면 좋고 오래된 송순주는 불면증이나 소화불량으로 고생할 때 효험을 보이기도 했다.

설탕이 널리 사용된 뒤로 솔순을 이용한 여러 가지 솔순 음료를 만들어 마시게 되었고, 차로도 끓여 먹게 되었는데, 머리가 맑아지고 몸이 가벼워지는 효험이 있다고 알려졌다.

송충이만 솔잎을 먹고 사는 것은 아니었다. 오만하고 방자하며 많이 배우고 많이 가진 자들 눈에 송충이만도 못해 보이는 민중들의 양식이었다. 아이들은 송홧가루 뿌옇게 흩날리는 봄 한철 내내 송기를 깎아 물고 빨면서 지지리도 못 나고 지옥까지 뻗쳐 있는 궁핍의 세월을 하모니카 불며 야윈 유년의 강을 건넜다. 서로의 굶주림을 위로하면서 목 메인 갈증의 계절을 건넜다.

개기름 번질거리는 간식이나 주전부리거리로서가 아니었다. 굶어 죽지 않기 위한 안간힘이었다. 특별히 손재간이나 한몫 해치울 수 있는 체력과 나이가 못 되는 소년기의 슬픈 생존방식이기도 했다. 하루 종일 송기를 하모니카 불다 산에서 어슬렁거리며 내려오는 조무래기들 입가에는 수챗구멍 드나드는 쥐새끼 구멍처럼 반질반질 길이 나 있어서 그날 하루 먹어치운 송기의 양을 가늠하게 해주는 눈물겨운 척도가 되기도 했다. 그렇게 배가 고파도 거짓말해서 남의 먹이 빼앗아 먹지 않았고 더더욱 훔쳐 먹지 않았다. 배고픈 시절을 송기에 기대어 살아온 사람의 도덕성엔 아직도 솔내음이 난다.

여덟 번째 갈래: 송화 진액 머금은 송이버섯

송이버섯은 소나무의 잔뿌리에 균(菌)의 뿌리를 만들어 솔뿌리와

송이버섯.
소나무의 잔뿌리에서 생겨나는 송이버섯은 환경에 민감하다.
우리나라를 비롯하여 중국, 사할린, 일본, 타이완 등
동양에서만 생산된다. 우리나라 송이는
태백산맥과 소백산맥을 중심으로 주로 가을철에 많이 난다.

함께 산다. 해마다 가을이 되면 섭씨 19도 정도의 기온을 기준하여 균사菌絲의 군데군데가 점점 커져 싹이 생기고 이것이 어느 날 갑자기 자라나서 약 2주일이면 땅 바깥으로 나타나고 그때부터 송이 모습을 드러낸다.

몸체는 머리 부분의 갓과 자루로 이루어진다. 갓의 윗부분은 흑갈색이고 갓의 아랫면에는 많은 주름살이 있다. 주름살 양면에 포자가 생기는데 포자가 익으면 바람에 날려 적당한 곳에서 발아한다. 보통 송이는 소나무 그루터기를 둘러싸서 둥근 바퀴처럼 보이는 지역을 형성한다.

송이버섯은 땅 표면에서 10센티미터 정도 아래 소나무의 잔뿌리에서 생겨나는데, 특히 화강암이 풍화된 흙을 좋아하며 알맞은 일조량, 습기, 땅 온도를 필요로 한다. 따라서 숲이 울창하여 솔숲 사이에 햇볕이 잘 안 들거나 날씨가 가물어 흙에 습도가 모자라거나 기온이 떨어져 흙이 차가워지면 송이는 생기지 않는다.

송이가 품질이 좋고 수량이 많았던 1960년 이전의 숲 상태는 지금에 비교하면 거의 헐벗은 민둥산이었다. 그때는 집집마다 땔감 장만을 위하여 산의 나무들을 끊임없이 잘라내거나 솎아냈고 낙엽도 갈퀴를 이용하여 모조리 긁어냈기 때문에 나무와 나무 사이가 넓고 햇볕이 잘 들어서 송이가 자라기에 좋은 조건이었다. 그러나 요즘은 소나무 숲이 울창해져서 햇빛이 충분하게 나무 아래까지 들기 어렵고 낙엽을 긁어내지 않으므로 수북이 쌓여 있는 탓에 송이가 발생하기 어려우며 그 품질 또한 그다지 좋은 편이 못 된다.

한문으로는 송이松栮·송심松蕈·송균松菌·송화심松花蕈이라 불렀다.

> 송화 진액 머금고서 자라났으니
> 떨어진 잎 먼지 속에 더부룩하오
> 우유를 담았는지 달기는 꿀이요
> 붉은 갓은 미끄러운 순채보다 더하네
> 코를 스치는 맑은 향기는 듬뿍 담겼고
> 이에 걸리는 특이한 맛 제법 고르네
> 속된 태도 없는 것을 알려고 하면
> 콩자반 맑은 빛이 은빛 같다오

매월당 김시습의 「솔버섯」松蕈이라는 시다.

우리나라의 송이버섯은 동해안에서 태백산맥, 소백산맥에 이르는 적송숲에서 많이 났기 때문에 송이버섯이 적송숲에서만 난다는 말이 있지만, 그 말은 몸이 붉은 소나무를 칭송하는 마음이 지나친 데서 비롯된 것이다. 왜냐하면 적송은 만주의 러시아 국경지대와 일본에서도 자라고 있으며 그곳에서도 송이버섯이 나기 때문이다.

중국 동북구 길림성, 흑룡강성의 적송숲에서도 송이가 나지만 시베리아 적송이어서 그 품질은 떨어진다. 그런가 하면 우리나

라 잣나무 숲에서도 송이가 나는 경우가 있으며 일본의 흑송이
나 가문비나무 숲에서도 나며 넓은잎나무 숲에서도 난다.

이렇듯 송이버섯은 비교적 넓은 지역에 분포하지만 우리나라
와 일본에서만 향긋한 냄새와 이에 닿는 촉감이 좋아 즐겨 먹는다.
1928년 『심전교』心田橋라는 중국여행기에는 중국 사람이 "당신네
나라에는 송이버섯이라는 것이 있다는 말을 들었는데 그 맛이 어
떤지요?"라고 묻더라는 기록이 있다. 또한 중국의 오래된 식물기
록인 『신농본초경』神農本草經에 송이버섯이 기록되어 있지 않다.
이러한 점들로 미루어 중국은 송이버섯을 모른다는 말도 있다.

「솔버섯」을 다시 보자.

하룻밤 새 솔 언덕에 비바람 축축하니

찬 가지에 송화 진액 어지러이 떨어지네

훈풍에 날씨도 덥고 흙무더기 더부룩하고

솔잎 떨어지는 곳에 버섯 꽃이 희구나

잎을 이고 꽃을 뚫어 머리가 일어나니

여기저기 솟아나 열이요 백이나 되는구나

붉은 것은 어지럽게 우유를 머금은 지 오래되고

고운 몸은 아직도 송화 향기 띠고 있네

희고 짜게 볶아내니 빛과 맛이 좋거나

먹자마자 이빨이 시원해지는 걸 알겠네

말려서 포로 만들어 다래끼에 담아두었다가

가을 들면 노구솥에 잘 덖어서 맛보리라

김시습은 송이버섯 요리를 무척 좋아했던 모양이다. 송이버섯이 자라는 곳의 환경을 아주 정밀하게 묘사하고, 송이버섯이 피어나는 모양도 그려놓았다. 또한 송이버섯을 맛있게 요리하는 방법이며, 씹을 때의 느낌, 그리고 송이버섯을 찢어 말려서 아구리가 작은 다래끼에 담아두었다가 여름도 지나고 가을철에 노구솥에 덖어 먹는 방법까지 시로 남겨두었다.

『동의보감』에서 "송이는 맛이 매우 향미하고 송기松氣가 있다. 산중 오래된 소나무 밑에서 나므로 소나무 기운을 빌려서 생긴 것이라 할 수 있다. 그러므로 나무에서 나는 버섯 가운데서 으뜸가는 것이다"라고 하여 송이버섯의 우수성을 적고 있다.

『증보 산림경제』에서는 "꿩고기와 함께 국을 끓이거나 꼬챙이에 꿰어서 유장을 발라 반숙에 이르도록 구워 먹으면 채중선품菜中仙品이다" 하였다.

송이버섯에는 탄수화물이 8.5퍼센트 정도 들어 있는데 대부분이 식물섬유다. 향기 성분은 마쓰다케올과 계피산메틸 혼합물이다. 이밖에 비타민 B_1, B_2, 에르고테롤이 많이 들어 있는 것으로 밝혀졌다.

제4장

소나무 문화의 뿌리를 찾아서

눈서리 이겨내고 비 오고 이슬 내린다 해도
웃음을 숨긴다 슬플 때나 즐거울 때나
변함이 없구나 겨울 여름 항상 푸르구나
소나무에 달이 오르면 잎 사이로 금모래를 체질하고
바람 불면 아름다운 노래를 부른다

솔바람 태교

땅속에 뿌리를 내리고 몸은 대지 위에 드러내어 하늘을 머리에 이고 사는 식물은 그 종류가 매우 많다. 그 가운데서 소나무는 한국인의 문화가 된 나무다. 어머니 자궁 안에 인간의 생명으로 잉태되기까지 소나무는 깊은 영향을 미쳤다. 어머니가 잉태를 소망하는 기도를 올린 곳이 다름 아닌 신단수, 즉 큰 소나무 아래였다. 붉은 몸은 하늘로 오르는 용의 비늘 같은 무늬로 장엄(莊嚴)된 껍질로 쌓여서 꿈틀거리고, 하늘 향하여 팔 벌린 가지 끝에는 다만 삿됨을 용납지 않고 오직 참되고도 준엄한 기상의 짙푸른 솔잎이 늠렬(凜洌)하게 뻗어 있었다.

푸른 솔잎의 청청함은 생명의 위엄이며, 몸의 붉고 힘찬 용트림은 생명의 주재자이신 하늘이 땅으로 신성을 내려보내는 소통의 통로였다.

그렇게 생명을 자궁에 모신 뒤부터 열 달 동안 어머니는 솔숲에 가 앉아서 명상에 잠겨 우주 기운을 생명으로 이어주는 태교를 한다. 솔바람태교였다. 그때부터 비롯된 소나무와의 인연은 한 생애를 함께 지내다가 죽은 뒤의 세상에까지 이어졌고, 한 가정, 한 이웃과 사회, 한 국가와 시대를 꿰뚫는 한국인의 역사와 정신의 피와 향기가 되었으니, 소나무라는 식물은 한국인의 문화를 이룬 속살의 한 부분이었다.

소나무는 우리나라 고대사의 종교와 정치에서 정책을 결정하는

데도 큰 힘을 미쳤다.

이인로李仁老, 1152~1220의 『파한집』破閑集에 신라시대의 소나무 이야기가 있다.

금란金蘭 지경에 한송정寒松亭이 있으니 옛날에 사선四仙이 놀던 곳이다. 그 무리 삼천 명이 각각 소나무 한 그루를 심어서 지금에 이르기까지 푸르러 구름을 찌르고, 그 밑에는 차샘茶井이 있는데 도형道兄 계응국사戒膺國師가 시를 지었다.

옛날에 뉘 집 자제가 삼천 푸른 솔을 심었는고
그 사람 뼈는 이미 썩었건만
솔잎은 오히려 무성하구나

혜소慧炤가 이 시에 화답하였다.

천고千古의 놀던 신선놀이 멀어졌는데
오직 푸르른 것은 소나무로다
다만 샘 아래 달빛 남아 있어
그 모습 방불髣髴히 상상하게 되네

'금란'은 강원도 통천에 있는 땅 이름이다. '사선'四仙은 『지봉유설』 권18에 나오는 신라의 전설적인 초기 화랑들의 이름인데, 술랑述郎·남랑南郎·영랑永郎·안상安詳을 일컫는다. '도형'은 수행하는 사람을 높여서 부르는 말이다.

신라 진흥왕 시절의 화랑들은 풍광이 빼어난 산과 역사적인 유서가 깊은 곳을 찾아다니면서 몸과 마음을 닦으며 나라 사랑과 도의道義를 기르고 무술 연마를 했다고 알려져 있다. 한송정은 화랑도의 수련장 중 하나였으며, 이곳에서 수련하던 화랑 삼천여 명이 소나무 한 그루씩을 심어 울창한 솔숲을 이루었다.

소나무는 나무 자체로도 우리 민족의 생활과 떼놓을 수 없는 관련을 가지고 있기도 했지만 솔숲이 지닌 상징성 또한 민족성을 형성시키는 데 지속적인 영향을 주어왔다.『삼국유사』의 경주 천경림天鏡林은 단순한 소나무 숲이 아니라 불교가 전해지기 이전 삼한 시대 주민들의 천신사상天神思想 또는 천신신앙과 깊은 관련을 지닌 종교적 신성을 상징했다.

경상북도 예천 상금곡송림上金谷松林, 봉화군 봉성면의 봉화임수奉化林藪, 영덕군 영해면 봉송정임수奉松亭林藪, 강원도 경포 한송정임수, 울진군 취운루임수, 강원도 양양군 동해송임수 등은 소나무 문화의 현실성과 정신성을 포함하고 있었다. 우리의 고대사는 큰 산을 매우 신성하게 여기면서 정치적으로도 중요하게 보았다. '밝 말'이라는 옛말이 있는데, 이는 위대한 산, 신성한 산을 뜻하는 말이었으며, 거룩한 성역으로 여겼기 때문에 나라의 도읍을 그 산 아래에다 정했던 것이다. 태백산 신단수 아래에다 신시神市를 정했던 것이 한 예라 볼 수 있겠다.

金剛全圖

謙齋

瀟真頻氣香澤
扶桑竹
氣雅譜

翠竹叢
早林把
沼寒同根令助

但今逢爾似枕邊者不悦

정선, 금강전도, 종이에 수묵, 130.7×94.1cm, 리움미술관 소장.

당대의 명성 높았던 화원의 화가치고 금강산을 그리지 않은 화가는 거의 없었다.
하지만 겸재의 이 작품은 금강산의 골계미(骨稽美)를 완벽하고 대담하게 변형시켜
표현함으로써 다시없을 그림이라는 평가를 받는다. 날카로운 수직준(垂直皴)으로
금강산 1만 2천 봉을 한정된 공간에 압축했으며, 이 산의 여성적 아름다움을
묘사하는 데 성공했다는 극찬을 받고 있다. 특히 화면 왼쪽 산에 소나무를 촘촘하게
배치하고, 오른쪽 산 아래에는 드문드문 배치하다가 위로 오르면서 점점 줄이거나
아예 흰 바위의 뼈만 드러냄으로써 금강산의 웅장함과 신비, 그리고 신성과 거룩함을
자아내고 있다. 흰 바위와 푸른 솔의 절묘한 조화가 영혼을 맑게 해준다.

따라서 신성한 산은 곧 나라의 정신적 고향이자 사상의 잉태지인 셈이었다. 이 같은 사상은 고을의 성립과 존재의 의미를 부여하는 진산鎭山으로 분화되었다. 그 마을에 사는 사람들의 신성한 마음의 원천으로 삼게 된 것이다. 산악이 맑은 우리나라 사람들의 고대 신앙과 심성의 고향으로서 이름난 산을 품었고, 그 산은 소나무 숲이었던 것이다. 고려시대에도 소나무뿐만 아니라 자연환경을 보호하고 신성하게 여기는 정책들이 많았다.

■ 2월부터 10월까지 만물이 생성하는 때에는 산과 들에 불 놓는 일을 금지하라. 이를 어기는 자는 특히 두드러지게 죄를 물어서 벌하라.
• 성종 6년, 987년

■ 입춘이 지난 뒤에는 나무 자르는 일을 금지하라.
• 현종 22년, 1031년

■ 『예기』에, 한 그루의 나무를 벨지라도 때를 가리지 않는다면 불효에 버금가는 비례非禮라 하였고, 『사기』는 소나무, 잣나무는 백 가지 나무 중에서도 가장 귀중한 나무라 하였다. 그런데 요즘 소문에 따르면 백성들이 소나무를 벌목하는 데 때를 가리지 않는 자가 많다고 하니 이제부터는 관가에서 쓰는 나무를 제외하고 시기를 위반하여 소나무를 베는 것을 일절 엄금한다.

• 현종 4년

■ 예부에서 서울에 이름이 높은 산의 나무를 채취하는 것을 금지시키고, 두루 나무를 심어야 할 것이라고 왕에게 아뢰니 왕이 이를 허락하였다.

• 정종 1년, 1035년 4월조

■ 일관이 아뢰기를 '송악산은 나라의 진산인데, 여러 해 동안에 걸친 빗물로 인하여 표토가 흘러내려서 암석이 드러나고, 초목이 무성하지 못하니 마땅히 나무를 심어서 보완케 하소서' 하고 올리니 왕이 허락하셨다.

• 예종 1년, 1106년 2월조

조선시대는 소나무 보호정책을 가장 철저하게 실천했다.

■ 세종 6년1424
 - 연해안 곳곳에 있는 소나무 숫자와 가꾸고 있는 현황을 매년 연말에 보고할 것.
 - 사사로이 배를 만드는 자들이 소나무를 벌목하지 못하도록 각 관포官浦와 만호萬戶, 천호千戶 들을 엄하게 독려할 것.

■ 문종 1년1451

- 소나무는 국가에서 요긴하게 써야 할 것이므로 그것에 대한 강력한 보호를 병조가 하라.

■ 세조 7년1461
- 소나무를 함부로 베는 것을 엄하게 다스리는 송금松禁에 관한 여러 차례의 기록이 있다.

■ 예종 1년1469:「도성내외송목금벌사목」都城內外松木禁伐事目
- 도성 안팎 네 산의 소나무는 병조 및 한성부의 관리가 나누어 관리하게 하고 수시로 살핀 상황을 보고하라.
- 네 산의 소나무를 지킴에 있어 검찰이 성실하지 못했을 때는 담당 감역관과 병조 및 한성부 관리의 자격을 강등시키고, 산직은 곤장 100대를 때려 군인으로 보낸다.
- 산기슭에 사는 주민은 병조 및 한성부에서 명령을 내려 통統을 조직하도록 하고, 담당 구역을 나눠주어서 관리하게 하라.
- 소나무를 잘 지키지 못하면 네 산·산직의 예에 따라 처벌하라.
- 네 산과 삼각산에 있는 사찰의 승려로서 소나무를 벤 자는 산지기에 명하여 다스리도록 할 것.
- 소나무를 지킴에 있어 근면하고 태만함을 승정원으로 하여금 수시로 근무 상태를 보고하게 하며, 위반한 자는 적절한 처벌을 하라.
- 도봉산과 북악산 소나무는 병조에서 지키도록 하라.

이처럼 도성 안팎의 소나무를 보호하기 위한 노력은 왕이 바뀔 때마다 강조되고, 규정을 고치면서 정책을 실천했다. 특히 전국의 바닷가에 있는 30개 현과 300개소의 섬이나 곶의 소나무는 관찰사 책임으로 보호하고, 심고, 가꾸도록 했다.

계속된 소나무 보호정책의 결과 임진·정유전쟁 때 이순신 장군의 해군이 전투를 치르는 데 필요한 전투용 배를 만드는 데 사용되었다. 전라도 변산 소나무, 충청도 안면 소나무, 황해도 장산목 소나무, 평안도 철산 소나무, 경상도 거제 소나무 들이 나라를 수호하는 데 큰 몫을 해주었다.

조선시대의 소나무 보호와 산림 육성 정책은 지속적으로 강조되었다. 조선 말기 고종 때에는 『대전회통』1865으로 국토의 73퍼센트 정도가 무성한 숲으로 뒤덮였는데, 압록강과 두만강 유역 2천 리는 원시림으로 장관을 이루고 있었다.

일본 강점으로 원시림이 모두 벌채되고 황폐화되었으며, 우리나라 모든 산들의 울창했던 숲들 또한 일제의 벌목으로 민둥산이 되고 말았다.

해방과 대한민국 정부 출범 이후의 긴 전쟁과 혼란으로 산림은 더욱 황폐해졌다. 민가 가까운 산들의 소나무는 거의 벌목되었고, 유서 깊은 전통으로 이어져 내려온 무덤 주위에 둥그렇게 서 있는 소나무들에 대한 보호와 신성을 상징하던 '도래솔'마저 벌목해버리는 상황으로 나빠졌다.

1940년, 1950년, 1960년대가 지날 때까지 30년 동안 우리나라의 소나무는 그 유장한 수천 년의 역사에서 최악의 불행을 겪었다.

1970년대부터 다시 시작된 숲 가꾸기는 땔감의 변화로 조금씩 성과를 보였다. 새로운 땔감으로 개발된 무연탄과 석유에 이른 천연가스가 등장하면서 헐벗었던 한국의 산에 다시 나무가 자라게 되었고, 소나무도 옛 모습을 그려내게 되었다.

소나무와 정치의 관계를 가장 잘 보여주는 것은 대통령 집무실과 거처인 청와대의 조경수가 모두 소나무로 이루어져 있다는 점이다. 또한 옛 왕조시대의 궁궐이 소나무로만 지어졌던 것을 참고하여 국가의 계속성이라는 역사성과 상징성을 지니고 있는 청와대 대통령 관저를 우리나라 소나무로만 지었다.

그리고 15대 대통령을 지낸 김대중 대통령은 집무실 벽에 잘 생긴 소나무 한 그루를 그림으로 살려서 걸어두고, 그 소나무 아래서 정무를 보살피거나 회의하는 모습을 TV 화면으로 자주 볼 수 있었다. 가슴 뿌듯한 자신감과 행복감을 느낄 수 있던 일이었다.

솔아 너는 어찌 눈서리를 모르는고

소나무의 상징성은 다양한 세계를 지니고 있다. 장수, 곧은 절개와 굳은 의지, 신선의 상징으로 분류해볼 수 있다.

소나무는 은행나무 다음으로 오래 사는 나무여서 십장생十長生의 하나로 삼아 장수의 상징으로 의지해왔다. 거대하게 자란 노송은 그 모습이 장엄하고 생동적이다. 오랜 세월을 견디어왔으면서도 전혀 늙어 쇠잔하거나 연민을 느끼게 하지도 않으며 더 더욱 추하고 꺼려지지 않는다. 굳센 줄기와 무수한 곡선으로 겹쳐지고 이어진 가지, 작고 굳센 잎들이 절묘한 조화를 만들어 풀과 꽃과 나무들의 모든 형상을 압축적으로 보여준다. 비바람과 눈서리를 이기면서 언제나 푸른 빛깔로 자연의 질서에 순응하는 모습에서 곧은 절개와 굳은 의지의 상징을 배운다. 굳은 의지는 불변의 의지다.

소나무의 몸은 붉은 비늘로 단장하여 부드러우면서도 긴장감이 깊게 굽이치며 하늘로 치솟는 모습은 아지랑이와 모든 불길과 연기가 피어오르는 모습을 형상화시킨 예술품이다. 또한 푸른 용 혹은 붉은 용이 무리를 지어서 천둥 번개를 일으키고 거느리며 하늘로 솟아오르는 조각미술의 정취와 그 절정의 순간을 멈춰둔 예술이기도 하다. 솔잎의 더없이 짙푸른 색깔은 고귀함과 청결을 상징하여 하늘의 신들이 땅으로 내려올 때 유일한 통로로 선택된 신이 내리시는 길의 상징이기도 하다.

『산림경제』에서는 집 주변에 소나무를 심으면 생기가 돌고 속기 俗氣를 물리칠 수 있다고 했다. "문에 들어서자 한 그루의 푸른 소나무를 보고 방에 들어서자 장수의 약을 달이는 숯불을 보노라"라든가, "소나무 아래서 동자에게 물으니 노승은 약 캐러 산속에 있다"는 시, "말을 소나무 그늘 아래에 매어놓고 시냇물 소리를 듣는다"는 글들은 속된 경지를 벗어나거나 신선의 분위기, 때 묻지 않은 불구不垢의 심정 또는 솔숲에 앉아서 마음을 다스리는 분위기를

180

느낄 수 있다.

"봄은 저무는데 솔꽃가루 마구 술잔에 날아들고 속세를 멀리해서 거문고에 마음을 붙인다"는 시 등은 21세기의 현실과는 사뭇 동떨어진 내용들이지만 우리의 마음 깊은 곳에 가라 앉아 있는 자연에 대한 향수를 불러일으키기에 부족함이 없는 소나무 마음이 안겨주는 선물임에는 틀림없다.

절은 흰 구름 가운데 있고
중은 흰 구름을 쓸지 않는다
객이 와 비로소 문 여니
골짝마다 솔꽃가루 자욱하구나
寺在白雲中　白雲僧不掃
客來門始開　萬壑松花老

조선시대 한시의 대가 이달李達, 1561~1618의 시다. 봄날 동남풍에 흩날리는 송홧가루가 산골짝을 아득하게 뒤덮고 있어서 노란색 황홀 위에 떠 있는 신선세계를 보는 듯 한 환상에 빠지게 한다. 절집 뜰에는 구름이 낙엽처럼 덮여 있고, 무심한 흰 눈썹의 스님이 푸른 눈으로 싸리문을 열어준다. 아, 만일 손님이 아니었다면 그 봄 내내 열리지 않았을 문이었는지 모를 일이다.

내 벗이 몇인고 하니 수석水石과 송죽松竹이라

동산에 달 오르니 그 더욱 반갑고야

두어라 이 다섯밖에 또 더하여 무엇하리

윤선도1587~1671의 『고산유고』에 실려서 전해지는 「오우가五友歌 1」이다. 그의 나이 56세 때 문소동과 금쇄동에 은거하면서 지은 시다. 그가 남달리 자연을 사랑하기도 했지만 그보다는 그의 생활 환경이 자연을 벗 삼지 않을 수 없도록 만들었음을 더 깊게 생각하면서 「오우가」를 읽어야 한다.

즉 자연을 좋아한다는 것이 아니라 자연을 벗 삼겠다고 한 것이다. 예부터 친구는 가려서 사귀라 했다. 그는 자연을 다 좋아한 것은 아닌지라 벗으로 삼은 것은 물, 돌, 소나무, 대나무, 그리고 달을 포함한 다섯뿐이다. 구름이나 바람은 그다지 좋아하지 않았던 것 같다. 구름은 검어지기를 자주 해서 싫고, 바람은 그칠 적이 많아서 사귈 수가 없다고 했다.

더우면 꽃 피고 추우면 잎 지거늘

솔아 너는 어찌 눈서리를 모르는고

구천에 뿌리 곧은 줄을 너로 하여 아노라

윤선도 「오우가 4」다. 벗 삼으려는 대상은 소나무다. 이 시에서 '솔'은 잎과 뿌리를 내세워 절개와 지조를 상징하고 있다. 사육신 가운데 한 사람인 성삼문의 시도 소나무의 절개와 지조를 노래하고 있다.

　이 몸이 죽어가서 무엇이 될꼬 하니
　봉래산 제일봉에 낙락장송되었다가
　백설이 만건곤할 제 독야청청하리라

　자연세계의 일반적 현상은 더우면 꽃이 피고 추우면 잎이 지는 것이다. 대개는 그렇다. 소나무는 다른 모습을 보인다. 눈보라 속에서 온몸으로 흔들리다가 바람이 그치고 온몸 수북하게 눈에 덮여 있다. 소나무 발치는 물론 천지가 온통 눈에 덮인 채 얼어붙었다. 소나무는 그 혹한의 눈 속에서 홀로 푸르다. 푸른빛이 봄, 여름, 가을보다 더욱 짙다. 눈보라와 혹한을 향하여 꾸짖는 것 같다. 세상 모든 초목이 눈보라와 추위의 위세 앞에서 잎을 지우고 빈 몸으로 서서 혹한의 꾸짖음과 맹위를 떨면서 견디지만, 소나무는 오히려 추위를 꾸짖는 늠렬의 푸른 빛깔이다.

　'변절하지 않는 의지'를 형상화한 것이다. 그리고 윤선도는 푸른 빛깔처럼 겉으로 드러난 모습만 노래하지 않는다. 땅속 깊은 곳으로 뻗어 내린 뿌리가 곧으므로 겉으로도 당당하고 의연할 수 있음을 깨닫고 있는 것이다. 눈에 안 보이는 내면세계의 밝고, 견고하며, 곧은 정신이 존재해야만 외형적인 모습도 강건할 수 있다는 깨달음이다.

　'구천九泉에 뿌리 곧은 줄을 너로 하여 아노라'의 '구천'은 지하

세계의 깊고, 어두우며 땅 위의 지식이나 경험으로는 가늠할 수 없는 미지와 두려움을 뜻하고 있다. 따라서 인간의 눈앞에서 펼쳐지는 모든 상황을 이해하고, 지배하며, 새로운 질서도 만들어내는 온갖 지혜와 지식과 경륜으로는 전혀 알 길 없는 지하 세계에서 소나무의 의지만으로 뿌리를 곧게 뻗는 것이 얼마나 어려운 것인가를 생각하게 한다.

모든 나무의 뿌리는 그 나무의 근본이며 생명의 근원이다. 뿌리가 굽었는지, 상하고 병들었는지를 인간의 눈으로는 알 수 없다. 오직 마음으로 느낄 수 있을 뿐이다. 윤선도는 소나무의 땅속 뿌리가 곧게 뻗어 내렸기 때문에 땅 위의 줄기가 비록 자연조건의 힘에 의하여 굽고 뒤틀렸을지라도 하늘 향하여 솟구쳐 오르는 의지는 결코 굽히지 않으며, 늘 푸른 잎을 통하여 절개와 의지를 침묵으로써 말하는 것을 들은 것이다.

그 사람의 행동을 보면 그의 속마음까지 알 수 있다는 철학적 논리가 소나무를 통해서 다시 확인되고 있다. 이는 곧 외형적인 모습과 함께 내면적 윤리까지 일치해야만 된다는 윤선도의 '언행일치' 言行一致라는 유교 가치관을 볼 수 있다.

소나무처럼 변절하지 않는 존재로 살겠다는 그의 의지는 곧 한국 선비들의 이상향이었고 모든 사람들이 꿈꾸는 세상이기도 했다.

이 몸이 싀어지어 (혼백조차 흩어지고 공산촉루같이) 임자 없이 구르다가

이재관, 송하인물,
종이에 담채,
139.4×66.7cm,
국립중앙박물관 소장.
회화는 겉모습을 비슷하게
그리는 데 그쳐서는
안 되고, 작가의 마음과
뜻을 그림으로 드러내야
한다는 남종화의 정신을
말할 때 그 예로 들 수
있는 그림이다. 작가가
쓴 화제(畵題)에
"白眼看他世上人"
(세상 사람을 백안시한다)
이라 썼다.
어떤 구속도 받지 않고
초연한 선비의 고고한
풍모와 정신으로
자연과 인간이 하나가 된
경지를 보여주고 있다.
선비가 지향하는
이상향이기도 했다.

곤륜산 제일봉에 만장송이 되어서

바람 비 뿌리는 소리로 님의 귀에 들리(기나)리라

조위曹偉, 1454~1503가 지은「만분가」萬憤歌의 한 부분으로서, 우리나라 '유배가사'流配歌辭의 효시가 되는 작품이다. 안정복 1712~91의『잡동산이』雜同散異 43책에 수록되어 전한다.

이 몸이 병들고 죽어져서 (혼백도 흩어지고 빈 산의 해골같이髑髏) 임자 없이 굴러다니다가, 곤륜산 꼭대기에 만장萬丈솔, 즉 키가 크고 우람한 소나무가 되어서 바람과 비 뿌리는 소리로 임금님의 귀에 못다 한 말을 전하고 싶다는 내용이다.

「만분가」를 지은 조위는 경북 금릉김천에서 출생하여 매형인 김종직의 문하에서 수학했다. 성종 5년1474 식년시에 병과로 급제하여 승문원 정자, 홍문관 수찬, 춘구관 기사관 등의 벼슬을 지내고, 함양군수, 호조참판, 충청도 관찰사, 대사성, 지출추관사를 지냈다. 연산군 4년1498에 하성절사로 명나라에 갔다가 돌아오던 중 무오사화에 연루되어 의주에 유배되었다가 다시 순천으로 옮겨져 1503년 유배지에서 죽었다. 조위가 중앙 정계에 진출한 것은 사림파의 정치 역정을 보여주는 좋은 예가 된다. 그 이전에는 김종직을 비롯한 몇몇 사람만이 중앙 정계에서 제한된 역할을 했을 뿐 중앙 정계는 훈구파에 장악되어 있었다.

성종의 문치정책으로 사림파 선비들이 대간으로 진출하면서 점점 세력이 커졌다. 곧 훈구파와 갈등이 심화되었다. 연산군 시대부터 사림파 도전에 대한 훈구파의 적극적인 대응 조치로 무오사화가 일어났다. 이후 계속된 사화로 인하여 김종직 문인들은 집중적인 참화를 입어 처형되거나 유배지에서 죽는 참혹한 정치 보복이 자행되었다.

「만분가」는 조위가 약 5년간의 유배생활을 하면서 유배지에서 느낀 소회를 담담하게 서술한 124행에 이르는 장편 서정가사다. 조위 자신의 정치적 행위를 반성하는 내용, 왕권 자체를 포함한 당대 정치질서를 전면적으로 비판하는 내용, 자신의 정치적 신념의 표현으로서 현실정치에 대한 비판적 정서가 포함된 가사다.

유배지에서 쓸쓸히 죽어가면서도 사림파 지성인의 신념을 굽히지 않으면서 최후까지 연산군에게 사화의 잘못을 말하여 정치적 과오를 바로 잡게 하겠다는 의지가 '곤륜산 제일봉에 만장송'으로 상징되고 있다.

> 동지야 하지일에 빈방에 혼자 앉아
> 삼경 솔잎에 자최눈 뿌릴 때와
> 반야오동에 궂은 비 들을 적에

「규원가」閨怨歌는 일명 '원부가'怨婦歌 또는 '원부사'怨婦辭라 부르는데, 허난설헌許蘭雪軒의 작품이라는 설과 허균의 첩 무옥巫玉이 지은 것이라는 설이 있어왔다. 버림받은 여인의 한탄과 슬픔을 그리고 있다는 점에서 뒷날 나타난 내방가사의 한탄류와 연관을 갖기는 하지만 가사작품으로서는 여성이 쓴 최초의 작품이 된다는 측면에서 매우 의미 있는 일이다.

동지冬至 때도 하지夏至 때도 늘 빈방에 혼자서 임을 기다렸고 그리워했다. 밤에도 잠들지 못하고 뜬 눈으로 밤을 새웠다. 겨울철 삼경 무렵 소나무 위에 자최눈자국눈, 겨우 발자국이 날 정도로 적게 내린 눈 뿌리는 소리 들리거나 오동나무 잎에 궂은 비 내리는 소리 들릴 적엔 더욱더 임이 그립다는 내용이다.

「규원가」는 주인공이 임과 함께 보낸 행복했던 과거를 뒤돌아보면서 그 행복을 깨뜨린 임을 원망하는 것이 아니라 오히려 결함 투성이인 주인공과의 불안할 수밖에 없는 한시적인 결합이었지만 어쩔 수 없이 사랑에 빠졌고, 끝내 버림받고서도 그를 잊을 수 없어 방황하는 사랑의 역설과 편집증을 보여준다.

비록 임과 자신의 만남을 운명적인 것으로 보면서도 불행할 수밖에 없는 사랑에 집착하는 주인공의 운명을 있는 그대로 서술하고 있어서 또 다른 의미를 지닌다.

삶과 죽음을 잇는 영원성

우리나라 산과 물은 수려하다. 이 아름다운 산수에 소나무가 푸른 수를 놓은 정경은 우리나라 자연미의 정형처럼 깊이 인식되어 왔다. 기암창송奇岩蒼松도 백사청송白砂靑松도 우리 민족의 기상과 정서를 길러온 아름다운 풍경의 모성이었다.

사명당四溟堂 스님은 푸른 소나무에게 바치는 헌사인「청송사」
靑松辭를 남겼다.

소나무 푸르구나 초목의 군자로다

눈서리 이겨내고 비 오고 이슬 내린다 해도

웃음을 숨긴다 슬플 때나 즐거울 때나

변함이 없구나 겨울 여름 항상 푸르구나

소나무에 달이 오르면 잎 사이로 금모래를 체질하고

바람 불면 아름다운 노래를 부른다

松兮靑兮草木之君子 霜雪兮不腐雨露兮不榮

不腐不榮兮古冬夏靑靑 靑兮松兮月到兮篩金

風來兮鳴琴

사명당 스님의 소나무 예찬으로, 추사 선생의 그림「세한도」와
함께 우리 민족의 빛나는 유산이다.

소나무 예찬론은 이탈리아에도 있었다. 흔히 이탈리아인이 우리
와 같은 반도 사람이라 하여 성질이 유사하다고들 한다. 그런 연유
인지는 알 수 없지만 이탈리아인도 소나무를 매우 좋아한다.

소리 없이도 소나무는 하나의 음악이다. 멀리서 가만 바라보기
만 해도 푸른 솔잎 사이사이 은밀한 음악이 고여 있다가 바람을 타
고 울리는 것 같다. 그 하늘의 소리를 교향시로 작곡한 이가 오토리
노 레스피기1879~1936다. 림스키 코르사코프에게 배우고 근대 이

탈리아의 대표적 작곡가로 활약한 레스피기 작품 「로마의 소나무」
는 1924년에 초연된, 소나무를 주제로 한 교향시다.

제1부 보르게제 별장의 소나무
보르게제 별장 정원의 소나무 숲에서 아이들이 뛰논다
둥글게 둘러서서 춤추네. 군인처럼 행진하네
싸우듯 앞뒤로 움직이며
저녁이 올 때까지 제비떼처럼 재잘대며 숲속을 쏘다니네

제2부 카타콤 부근의 소나무
고대 기독교인의 지하 무덤 입구에 노송 한 그루 서 있네
그 노송 아래 서면 슬픈 성가가 깊은 땅속에서 들려오네
엄숙한 성가 장엄하게 울려 퍼지다가 차츰차츰 신비롭게 사라
지네

제3부 자니콜로의 소나무
보르게제 별장의 서남쪽 자니콜로 언덕의 소나무는
영롱한 달빛 속에 고고히 서 있네
보름달 밤을 나이팅게일이 노래하네

제4부 아피아 가도의 소나무
아피아 가도에 새벽 안개 흐르네

시인은 옛 로마의 영광을 그리워하고
가도의 고독한 소나무는 신비스런 정취를 수호하네
멀리서 행진곡이 들려오네. 트럼펫이 우네
찬란한 아침 햇살을 받으면서 개선하는
옛 로마군대의 행진하는 모습이
시인의 회상을 가로질러 가네

소나무는 우리의 삶과 죽음을 잇는 영원의 나무다. 우리가 살아 있는 동안에는 먹이가 되고, 집이 되고, 연료와 약이었다가 죽게 되면 우리의 시신을 담는 관이 되어서 함께 묻혀서 흙이 된다. 그리고 무덤가에 서서 이승과 저승을 동시에 지켜주는 수호신이 된다. 이른바 해자림垓字林 또는 도래솔이 그것이다.

1428년 세종이 태조 이성계의 무덤인 건원릉에 행차하여 동지 제사를 올린 뒤 말했다.

능침陵寢에는 예로부터 송백松柏이 있어야 하는 법인데 쓸데없는 나무는 뽑아버리고 송백을 심도록 하라.

이처럼 왕의 무덤뿐만 아니라 민간인들의 무덤가에도 둥그렇게 소나무를 심는 것은 소나무에 깃들어 있는 신성함과 사악한 기운을 물리치는 벽사辟邪의 힘을 믿기 때문이었다.

소나무 몸의 붉은 색깔이 사악한 귀신이 무덤에 접근하지 못하

경주 흥덕왕릉과 도래솔.
소나무는 우리의 삶과 죽음을 잇는 영원의 나무다.

도록 막아준다고 믿어온 것은 오래된 습속이었다. 무덤 속의 영혼이 편안해야 이승의 후손들이 복을 받는다고 믿어온 미덕이 만들어낸 습속이다. 이쯤 되면 우리는 소나무 문화의 특별한 수혜자이면서 계승자임이 분명해진다.

소나무가 지니고 있는 색깔은 다른 침엽수나 꽃피는 나무들에 비해 전혀 화려하지 않으며 일 년 내내 거의 비슷한 색상을 지니고 있다. 그런데도 멋과 운치를 자랑하는 것은 다름 아닌 이러한 수수한 빛깔과 변함없는 자태 때문이 아닐까 싶다. 솔빛은 언제 어디서든 눈을 감고 있어도 사계절의 빛과 색깔이 온몸에 배어난다. 봄날의 솔빛은 송홧가루 때문에 노란색이라고 말해도 좋을 것이다. 성숙한 수꽃은 노란빛을 띠고 암꽃은 자줏빛을 띠지만, 분분하게 흩날리는 송홧가루 속으로 목 타는 그리움이 먼데 산길이나 산모롱이 돌아오는 것을 기다려본 이는 봄날 솔빛이 노란색이라 말할 것이다.

겨울의 솔 색깔은 한 폭의 그림이다. 휘어진 솔가지며 용트림하는 몸통 굽이마다 수북이 눈이 쌓이고 설화雪花가 피어 있는 모습은 장관이다. 짙은 초록과 흰색의 절묘한 대비와 조화는 경탄을 자아내게 하는 운치다.

일찍이 우리나라의 화가들은 소나무를 소재로 삼은 수많은 명작들을 남겼다. 특히 동양에서는 소재로 삼는 대상에 대한 감관적 지각과 함께 사물의 의미와 내용에 대한 표현을 중요시한다. 어떤 특정 소재가 지니고 있는 의미나 상징성은 결국 인간에 의해 부여

된 것이기 때문에 소나무를 소재로 한 그림에서도 다양한 해석이 가능하다. 인간의 상상력이나 관념은 시대나 계층, 개인이 처한 상황에 따라 다를 수 있으며, 소나무에 대해서도 마찬가지다.

동양화 중에서 문인화는 관조와 사색을 거쳐 자연 자체에 도달하기보다는 인간적으로 해석된 자연의 모습을 그리는 데 그 특징이 있다. 이와 같은 맥락에서 이해될 수 있는 소나무를 소재로 한 그림 중에서 김정희金正喜의 「세한도」歲寒圖, 이인상李麟祥의 「설송도」雪松圖, 이재관李在寬의 「산거도」山居圖를 꼽을 수 있을 것이다.

「세한도」는 1844년 김정희가 윤상도의 옥사에 연루되어 제주도에서 귀양살이할 때, 당시 청나라에 가 있던 역관인 이상적에게 그려준 것이다. 이상적이 남의 눈을 개의치 않고 사제간의 의리를 지킨 데 감탄했기 때문이다. 이 그림은 스산한 겨울 분위기 속에 서 있는 몇 그루의 소나무와 잣나무를 갈필로 그린 것이다. 추운 겨울에도 시들지 않는 솔의 생태와 속성을 인간적으로 해석하여 지조와 절개의 상징으로 승화시킨 것이다. 어려운 역경에 처해 보아야만 그 인간의 진면목을 알게 된다는 유교적 윤리관의 은유적 표현이다.

「세한도」의 이러한 정조를 보다 직설적으로 표현한 그림이 이인상의 「설송도」다. 화면 가득 두 그루의 눈 덮인 소나무를 그린 그림이다. 위로 뻗어 오른 소나무 등걸 위에 쌓인 눈더미를 이고 있는 모습은 굳은 지조와 절개를 느끼게 한다. 눈덩이 아래서 더욱 푸른 솔잎은 오늘날 정조나 신념을 도외시하면서 권력과 돈에

김정희, 세한도, 종이에 묵화, 23.8×70.5cm, 손창근 소장.
김정희가 제주도에서 귀양살이를 하던 59세 때의 작품이다.
당시 청나라에 가 있던 이상적에게 그려 보낸 작품이다.

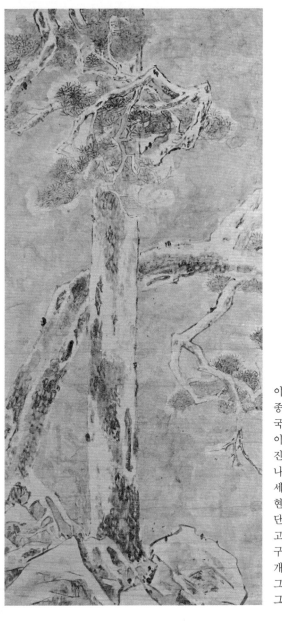

이인상, 설송도,
종이에 수묵, 117.2×52.4cm
국립중앙박물관 소장.
이인상은 1735년(영조 11)에
진사가 되어 벼슬길에
나섰으나 현감으로 그쳤다.
세도가문 출생이지만
현실과의 타협을 거부하고
단양지방에 은거하면서
고고한 생을 보냈다.
구도와 화법은 탈전통적인
개성이 드러나 있어
그의 내면세계를
그림에 담아내고 있다.

만 함몰해가는 인간 군상들을 꾸짖고 있는 듯하다.

조선 영조 때의 선비화가로서 개성이 분명하고 기골이 빼어났던 이인상은 이 그림을 통해서 유교적 절의를 상징적으로 그리고 있다. 정치인은 시대따라 말을 바꿀 수밖에 없다는 이 시대의 어느 정승에게 「설송도」의 의미는 어떻게 해석될 수 있을까.

「설송도」와 함께 읽히는 이퇴계 선생의 「영송시詠松詩」도 우리를 숙연하게 한다.

　　본성이 본래 울긋불긋하기를 좋아하지 않으니
　　도리桃李 제멋대로 아양 떨게 내버려두며
　　뿌리 깊이 현무신玄武神의 기골을 키웠으니
　　한겨울 눈서리에도 까딱없이 지내노라

한국인에게 소나무는 장생長生 또는 장구長久의 상징물로 일컬어져왔다.

유교 윤리관의 은유적 표현으로서 소나무는 지조와 절개를 뜻했다. 하지만 현실 세계를 정치 이념으로 지배하는 유교와 달리 민간신앙 범주에 드는 도교에서는 소나무를 장수長壽의 상징물로 삼아왔다.

얼마간의 미신 성향으로 주술 사상과 깊은 관련이 있기도 한 도교는 개인적이며 형이상학적인 문제에 관심이 많다. 오묘한 성찰속에서 육체적 수행을 통해 장수와 불사不死를 얻으려고 한다. 육체적 불사는 곧 도교 신비주의의 근간을 이루는데 신비로운 낙원, 구름을 타고 다니는 여행, 날아다니는 용에 대한 꿈, 꿈과 현실의 동일성을 믿는 도교는 불로장생不老長生을 꿈꾼다.

육체가 늙거나 병들지 않고 오래 사는 꿈은 삶의 현실이 수많은 제약과 한계 앞에서 무력할 수밖에 없는 보통사람들에게도 포기할 수 없는 절실함이다. 생존 조건이 각박하고 험악하며, 산다는 것 자체가 장애와 모순, 통제와 금기, 결핍과 갈등으로 꽉꽉하면 할수록 더욱더 절실하게 다가오는 것이 초월적 상황에 대한 동경과 귀의 욕구다.

이같이 절실한 염원을 그림으로 표현하기 위해 소나무가 주로 선택되었다. 솔이 다른 나무에 비해 오래 산다는 것, 오래 살면서도 퇴색하지 않고 더욱 선명해지는 잎의 푸른 색깔과 몸의 붉은 빛깔, 나이 들수록 신비를 더해가는 솔의 용도와 효능을 지켜보며 사는 보통사람들은 솔의 속성을 닮고 싶어하게 마련이었다.

송수천년松壽千年, 솔처럼 정정하게 오래 살기를 비는 축원, 또는 송백불로松柏不老라는 관념이 우리 삶 속에 마르지 않는 소망의 샘물로 자리 잡았다. 그러기에 소나무를 그린 그림은 생활 속으로 걸어 들어와 우리들 삶의 풍경이 되었다. 선비 계층들이 멀찌감치 솔 그림을 걸어놓고 그림에 담긴 심원하고 고매한 뜻을 음미하는 것과는 달리 장수하기를 염원하는 소나무 그림은 생활을 장식하는 병풍 그림으로 많이 그려졌다.

생활공간 일부를 차지한 생활 속의 소나무 그림은 서민들이 애호한 나머지 민화에서 장수 상징물로도 자리 잡았다. 소나무 그림이 세속적으로 사랑받은 만큼 사대부나 지식인들도 즐겨 소장하고 감상하며 뜻 깊은 선물로 주고받았다.

그들은 소나무가 들어 있는 십장생 병풍을 사랑방에 둘러치고 술을 마시며 환담했다. 함께한 시대를 살아온 친구의 회갑연이나 칠순 잔치 때는 건강하게 오래 살기를 염원하는 화제를 곁들여 소나무 그림을 그려서 기쁨을 함께 나누었다. 화제는 주로 연년익수延年益壽, 군선축수群仙祝壽, 지선축수芝仙祝壽라고 썼다. 아무리 고상한 기풍과 엄격한 유교 사상에 젖어 있는 선비일지라도 병 없이 오래 살고 싶은 욕망만은 외면할 수 없다는 평범한 생각이 소나무 그림 속에 편안하고 넉넉하게 녹아들어 있다.

소나무는 흔히 바위를 벗하여 그려진다. 다음은 바위의 미학을 치밀하고 신기로운 수법으로 노래한 윤선도의 「오우가」중에서 세 번째 작품이다.

꽃은 무슨 일로 피면서 쉬이 지고
풀은 어이하야 푸르난 듯 누르나니
아마도 변치 않을손 바위뿐인가 하노라

윤선도는 바위에서 불변성을 찾았다. 아름답기는 하나 그 아름다운 영원성이라는 면에서 보면 덧없이 소멸해버리는 가변성의 꽃과 풀을 대비법의 묘를 살려 바위와 견주고 있는 것이다. 꽃과 풀은 일시적이지만 바위는 영구적이고, 꽃과 풀은 여성적이지만 바위는 남성적이며, 꽃과 풀은 세속적이지만 바위는 고고한 철학적 품격이 깃들인 것으로 보았다.

이렇듯 소나무와 바위를 바라보면서 옛사람들은 오래 살아 자신도 자연이 되고 싶다는 꿈을 꾼 것이다. 꿈은 자연의 속살이다.

푸른 음악의 연주자들

소나무와 관련되어 이루어진 말 중에는 문학적 향기와 여운을 지닌 말들이 여럿 있고, 그것들은 동시에 음악이기도 하다. 한국인이 노래 부르기를 좋아하는 것과 무슨 관련이 있을 것도 같다. 솔숲이 음악회가 열리는 곳이라고 한다면 솔바람 소리를 듣는 한국인은 타고난 청중일 테니까.

송성松聲과 송도松濤는 소나무 숲에서 들려오는 바람소리다. 송영松影은 달빛 아래 흔들리는 소나무의 은은한 그림자다. 송창松窓은 소나무 그림자가 비치는 창문 또는 소나무가 한 폭 그림처럼 보이는 창문이다. 송애松崖는 소나무가 아슬아슬하게 서 있는 절벽이다. 송계松溪는 울창한 소나무 사이로 흘러내리는 맑은 시냇물을 일컫는다.

이런 말들 모두 세속을 떠난 탈속의 경지와 풍류를 일컬을 때 모셔다 앉히는 신선 같은 말이다. 한국인은 그래서 신선을 좋아했던가 보다.

임천林泉을 초당草堂 삼고 석상石床에 누웠으니

　송풍松風은 거문고요 두견성은 노래로다

　건곤乾坤이 날더러 이르되 함께 늙자 하더라

　솔숲에서 부는 바람은 거문고요 두견새 우는 소리는 노래라고 읊은 것도 부족하여 하늘과 땅이 함께 늙자더라고 하는 것은 가히 신선의 경지 아닌가.

　청춘이 습습習習하니 송성松聲이 냉랭하다

　보普 없고 조調 없기를 무현금無弦琴이 저렇던가

　지금에 도연명 간 후니 지음知音할 자 없도다

　소나무 숲에 이는 바람소리는 악보도 없고 곡도 없지만 줄 없는 가야금 소리처럼 아름답다는 노래다.

　벼슬을 매양하랴 고산故山으로 돌아오니

　일학一壑 송풍이 이내 진구塵垢 다 씻었다

　송풍아 세상 기별 오거든 불어 도로 보내어라

　저 너무나 유명한 송계연월옹松桂烟月翁의 시조다. 온갖 번뇌와 풍진에 시달리고 찌든 세속을 멀리하려는 선비들의 마음을 씻어 주고 의지할 만한 것이 소나무라는 내용이다. 이러한 소나무의 심상을 깊숙이 관조한 시인이 소나무와 은밀한 교감을 통하여 솔기 없는 선녀의 옷인 양 아무 걸림 없는 마음자리를 닦아놓아버리는 것이다. 번뇌의 해탈 아닌가.

이 같은 경지를 그림으로 담아낸 것이 북산北山 김수철金秀哲의 「송계한담도」松溪閑談圖다. 소나무 가지 위로 불고 간 바람들의 겹쳐진 기척까지 청정과 청명의 기품으로 드러나 있다. 북산은 그가 살았던 19세기 조선에서는 돌연변이식의 신감각주의를 표방했던 작가였다.

청아한 솔바람이 계곡물 소리와 만나 서로를 씻겨주어서 더 없이 맑고 신선하여 인간의 내세에 쌓인 죄업까지도 털어낸 것 같다. 소나무들은 서 있으되 있을 자리에 있어서 넘치거나 모자라지 않는다. 그 소나무 그늘 아래서 다섯 선비가 청담을 나누고 있다. 씻어도 씻어도 씻겨날 것 없는 천년 바위 위를 흐르는 물소리보다 높지도 낮지도 않은 물소리 그 자체로 회귀하는 말씀들이다.

솔바람의 기척을 깨뜨리거나 숲의 새소리며 난 향기를 훼방 놓지도 않는 그저 바람을 만나면 바람이 되고 향기를 쐬면 향기가 되는 얘기일 뿐이다.

작가는 부드러운 붓으로 솔의 굳건한 곧음을 그리고 있다. 세속의 습속과 고루한 화풍의 무게를 가차 없이 벗어던져버린, 작가의 탐욕을 벗어난 붓끝이 솔숲에 흐르는 바람 기운을 흐르게 한다. 소나무나 솔숲에 앉아 있는 선비들은 곧고 굳건함을 즐기되 굳이 잣대로 그어놓은 듯한 수직의 야박함이 들어설 자리는 용납하지

김수철, 송계한담도, 종이에 담채, 33.3×45.3cm, 간송미술관 소장.
화가 김수철의 출신이나 생애 등은 알려져 있지 않다.
'김정희파' 화가들과 교류가 있었던 점으로 보아 조선 말기 화단의
새로운 움직임을 보여준 대표적 작가였을 것이다. 대담하고 참신하게
생략된 뼈대 있는 묘선이 보여주는 문기와 가락 잡힌 왜곡의
선묘에서 오는 멋진 근대적 감각으로 자신의 개성을 이룩했다.
청신한 담채와 거친 독필 등은 현대에 와서 재평가 받는 큰
이유이기도 하다. 이 작품은 그의 화첩 안에 들어 있는 산수도이다.
소나무 아래에서 정담을 나누는 네 사람. 한 사람은 서 있다.
착색과 용필, 구도나 색채가 현대의 수채화를 보는 맛이 난다.

않는다.

「송계한담도」의 소나무는 절개나 절의 또는 장수의 상징물이 아니다. 그저 자연의 한 오롯한 식구로서 존재할 뿐이다. 소나무의 모습과 빛깔, 솔숲에 이는 바람소리, 천길 벼랑이며 바위산 꼭대기에서도 자유롭게 굴신屈伸하고 막힘없이 일어서고 엎드리면서, 한국인의 행주좌와行住坐臥에 그늘을 드리우고, 심혼의 들녘에서 골짝까지, 정신의 봉우리까지 늘 푸른 하늘로 깃들였나니, 소나무는 마침내 한국인의 불멸하는 이념이자 대물려 꿈꾸는 이데아였다.

오래 살되 추하지 않은 선비

소나무와 관련된 그림 중에는 구도, 주제, 색채까지 유사한 것이 우리나라에는 아주 많다. 이른바 산신도山神圖다. 산신도에는 반드시 수백 년 된 노송 밑에서 부드럽고 인자한 모습으로 호랑이를 쓰다듬으며 미소를 짓고 있는 백발의 노인이 그려진다.

산신도에서 그려지는 소나무의 형태는 퍽 다양하다. 용의 비늘을 신령스럽게 덮고 있는 소나무의 몸과 강인한 생명력의 표상인 굵고 힘차게 드러나 얽혀 있는 뿌리를 강조하는가 하면, 짙푸른 솔잎의 번성과 창조의 상징을 하늘처럼 그리기도 한다. 여기서 백발노인은 산신령이다. 산신령은 구월산에서 산신이 되었다는 옛기록의 그 단군 할아버지를 뜻한다는 얘기도 전해진다. 만일 산신

민간신앙과 불교가 결합하면서 사찰에 위치하게 된 산신도는
호랑이를 거느린 신령과 함께 소나무가 많이 그려진다.

령이 단군 할아버지의 형상이라면 산신령의 인자한 미소는 홍익 인간의 평화를 염원하는 미소일지도 모른다.

그래서인지 한국의 명산이라고 이름 난 산이나 심지어 마을에 까지 산신각山神閣이 있고 거기에는 반드시 산신이 모셔져 있다. 산이 많은 우리나라에는 예로부터 산악숭배의 오랜 전통이 있었으며 이런 산악문화는 지금도 살아 있다.

산신은 또한 전국의 사찰 곳곳에도 모셔져 있다. 삼성각三聖閣, 칠성각七星閣에서도 볼 수 있다. 산신각, 칠성각의 산신은 불교가 한국에 전해지기 훨씬 이전부터 있었던 것이다. 오랜 유래를 지녔다고 볼 수 있는데 소나무, 호랑이, 단군 할아버지가 산악숭배의 신앙을 형성·유지시켜온 것이다.

그러다가 불교가 남방과 북방에서 각각 전래되어 수용되는 과정에서 한국인의 뿌리 깊은 산신 신앙을 외면하고는 외래 종교가 자리 잡을 수 없음을 깨닫고 절간 안으로 산신당(각)을 안아 들인 것이다. 산신당은 사찰에 따라 정해진 위치가 조금씩 다른데, 석가세존을 모신 법당에 함께 모신 곳도 있고, 법당과는 별도로 집을 지어서 따로 모신 곳도 있다.

불교가 한국 땅에 뿌리내린 지 이천 년 가깝도록 한국인의 고유한 정서를 상처내거나 한국인의 유구한 가치 세계와 영혼 세계를 간섭하고 파괴하는 일 없이 한국인의 마음을 잘 껴안게 된 것도 산신의 수용과 깊은 관련이 있다. 종교의 온유함과 구원성의 참모습이다.

신라의 솔거가 황룡사 벽에 그렸다는 소나무 그림도 어쩌면 산신도였을지 모른다는 주장이 줄기차게 있어오는 것도 산신도와 한국인의 종교 생활 사이에서 생겨난 오랜 미더움과 행복감 때문일지 모른다. 아니, 어쩌면 오늘날의 저 비슷비슷한 산신도의 원형이 솔거의 그림이었을지도 모를 일이다.

아무튼 수천 년 동안 우리의 산을 주제해온 소나무와 소나무 숲에 사는 산짐승들의 제왕인 호랑이, 홍익인간이라는 평화 이념으로 한국인의 자긍심과 역사의식을 창출한 단군 할아버지의 모습이 한데 어우러져 한국인의 정체성을 대변하고 있는 이 산신도를 우리의 민족화라고 불러도 좋을 것이다.

이렇듯 소나무는 한국인의 문화가 되면서 그 곧고 깊은 땅속의 뿌리가 한국인의 심성이 되었고 몸부림치면서 하늘을 향해 뻗어오르는 소나무의 모습은 곧 한국인의 참을성과 기상이 되었다.

사찰 대웅전의 석가모니 부처님 불상이나 교회의 그리스도상처럼 산신도는 한국의 명산 곳곳의 크고 작은 사찰의 산신전 혹은 산신각(당)마다 걸려 있다. 세계에서 한국의 산신도처럼 동일한 구도, 주제, 색채로 그려진 종교화를 많이 가진 나라도 드물 것이다.

물론 종교화는 많다. 불교나 기독교의 성화는 한국의 산신도와 비교가 안 될 정도로 많다. 하지만 그림 한 장이 당당한 기와집 한 채를 소유한 그림은 한국의 산신도뿐일 것이다. 참으로 놀라운 종교적 열정과 뿌리 깊은 역사의식이 낳은 민족문화의 정수다.

그 산신도 속의 솔은 유난히 붉은 몸과 짙고 푸르른 잎이 특징

이다. 단청丹靑 바로 그것이다. 솔잎은 사시로 푸르고 몸은 사시사
철 붉다.

　홍익인간의 조건은 단청 속에 들어 있다. 붉도록 지극한 정성으
로 뭇 생명을 공경하고 푸르도록 소슬한 마음으로 사람이 사람다
워야 한다는, 사람됨을 잃지 말라고 솔의 단청 기둥을 우리의 심
성 속에 박아둔 것이다. 붉을 단丹, 푸를 청靑이 한몸이 되면 영생
과 영원은 이제 그 이름을 불러주기만 하면 될 일이다.

제5장

소나무는 자연이 보낸 교사다

장송이 푸른 곁에 도화는 붉어 있다
도화야 자랑 마라 너는 일시 춘색이라
아마도 사철 춘색은 솔뿐인가 하노라
춘중 도리화들아 고운 양 자랑 마라
창송 녹죽은 세한에 보려무나

우리 마음의 스승

아름드리 울창한 소나무 숲이면 더 좋고, 한두 그루 몸부림치면서 하늘을 향한 기도의 몸짓 한사코 멈추지 않는 솔이어도 괜찮다. 곧으면서 넓게 뻗은 가지로 서로를 부여잡고 비바람 눈보라 함께 견디며 늘 푸른 기상을 솔잎으로 노래하는 어느 계곡 물가에 자리 잡은 솔숲이어도 좋다.

계곡 바위며 돌자갈들은 쉼 없이 흘러가는 계곡 물에 씻겨서 희고 맑은 빛으로 솔잎을 더욱 청정한 신선의 얼굴로 다듬어내고, 계곡 물소리는 사계절의 표정과 생각을 명상 음악으로 연주하면서 시간을 잣아 올리는 그 형상들을 우리는 속된 경지를 벗어난 신선의 경지라고 불렀다.

신선은 있어도 좋고 없어도 문제 아니다. 다만 소나무와 솔숲이 때 묻지 않은 마음을 기르고 묻은 세속 때를 털고 씻어주는 깨끗한 기쁨이 되기만 한다면, 그 기쁨으로 인간살이를 아름답다고 느낄 수 있다면, 신선은 이미 내 안에서 생겨난 것이다.

그것을 보고 듣고 느끼게 하는 소나무와 솔숲은 하늘 학교이자 그 학교의 오랜 지킴이 교사였다. 그 스승의 나이를 짐작할 수 있는 유일한 흔적은 수염이 푸르다는 것이다. 그 스승은 솔잎 사이 또는 솔숲에서 부는 바람소리가 천상과 대지가 함께 연주하는 협주곡임을 가르쳐주셨고, 음악을 감상하는 방법과 그 느낌으로 마음의 병을 치유하고 사람과 목숨 지닌 모든 것들을 사랑하는 명약으로 쓰는 지혜를 깨닫게 해주셨다. 그리고 정녕 훌륭한 교사는 제자의 영혼 속에 있기 때문에 현실 세계에서 속된 모습과 목소리와 욕심으로 존재하지 않는다는 것도 가르쳐주었다. 좁고 작은 마음 그릇을 넓고 깊고 크게 만들어서 세상을 사랑하도록 가르친 스승은 곧 제자의 마음 그 자체라는 것도 깨우쳐주었다.

아름다운 자연으로서의 교사인 소나무는 바라볼 수 있을 따름인 관념 속의 나무가 아니라 인간의 삶을 구체적으로 꾸려주는 교훈과 은혜의 나무이기도 하다.

일곡一曲 어드메오 관암冠巖에 해 비친다
평무平蕪에 내 거드니 원산遠山이 그림일다
송간松間에 녹준綠樽을 놓고 벗 오는 양 보리로라

1578년 율곡栗谷 이이李珥, 1536~84가 지은 열 수의 연시조 중 첫 번째 연이다. 율곡은 1569년 교리직을 그만두고 황해도 해주 야두촌野頭村으로 물러났다. 그러자 전국에서 그의 학문과 덕행을 흠모하던 선비들이 모여들었다. 이듬해 율곡은 문인들과 함께 고산 석담을 돌며 구곡九谷의 이름을 짓고 그곳에 머물 결심을 했다. 그 뒤 1575년 해주관찰사로 있다가 다시 석담으로 돌아왔다. 주희朱熹는 만년에 무이정사武夷精舍에 은거하면서 무이정사와 무이구곡武夷九谷의 자연을 읊은 「무이도가」武夷棹歌를 썼다. 이이는 무이정사를 본떠 은병정사隱屏精舍를 세우고, 1578년에는 「구산구곡가」

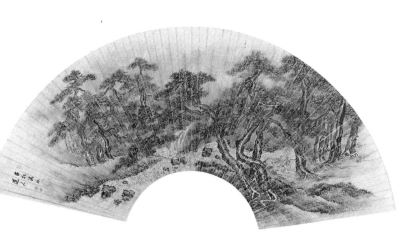

이인문, 송계한담도, 종이에 담채, 37.3×77cm, 국립중앙박물관 소장.
속진을 털고 심산에 들어가 산과 물을 벗하며 청담한유(淸談閑遊)한다는 것은
모든 조선시대 지식인들의 이상이었고 양반회화의 중심 테마 중 하나였다.
직업화가의 그림이면서도 화면에 넘치는 시정과 우아한 격조를 지니고 있다.
솔숲 우거진 계곡에 시원스럽게 물보라 이는 물의 흐름과 개울가에 앉아
담론 중인 선비들의 현실 바깥세계가 실감나게 그려져 있다.

九山九谷歌를 지었다.

「구산구곡가」는 한글을 섞어 쓴 시조인데, 3. 4조의 경쾌한 리듬으로 진행된다.「구산구곡가」는 퇴계 이황李滉, 1501~70이 안동 도산에 은거하면서 주희를 흠모하여 지은「도산십이곡」에서도 나타나 있다.

첫 번째 곡曲은 어디인가. 갓바위, 즉 관암冠巖인데, 그 갓바위에 아침 햇빛이 비친다. 마른 풀 무성한 들판을 뒤덮고 있던 안개 걷히고 나니 먼 산이 한 폭 그림 같은데, 소나무 사이에 푸른 술병을 두고는 벗이 오시기를 기다리는 정취를 담고 있다. 아름다운 자연을 벗 삼고 사는 선비의 허심한 모습이 그려졌는데, 퇴계 선생을 그리워하는 마음을 담은 시로 알려져 있다. 솔숲의 소나무 밑둥치 곁에 청자 술병을 놓아두고, 퇴계 선생께서 오신다면 술 한 잔 드린 뒤 도道를 여쭈고 싶은 큰 어른을 향한 존경과 그리움이 묻어나 있다. 율곡이 이 시를 지을 때는 퇴계가 세상 떠난 지 팔 년이나 지난 뒤였으니 그리움은 더욱 절절했으리라.

장송長松으로 배를 무어 대동강에 흘리 띠여
유일지柳一枝 휘여다가 구지구지 매야시니
어디서 망령엣 것은 소해 들라 하나니

조선시대 평양에서 이름이 자자했던 기생 '구지'求之의 시로 알려져 있다. 구지가 사랑한 애인의 이름은 유일지柳一枝였다. 애인

214

의 이름을 '버들 한 가지' 또는 '버드나무 가지 하나'로 풀어놓고 자신의 이름 '구지'를 '구지구지'라고 반복하여 리듬을 실어 노래하는 맛이 참으로 흥겹다. 낙랑장송으로 배를 만들어 대동강에 띄워놓고 유일지를 향한 연정을 절절하게 쏟아낸다. 그러자 평양의 내로랍시는 한량들이 구지에게 온갖 추파를 던지면서 한번 사랑해보자며 희롱한다는 노래다. 구지의 마음은 애인 유일지에게 꽁꽁 묶여 있으니, 한량들의 어떤 추파도 소용이 없겠다.

> 뫼온 님 괴려 나니 괴난 님을 츠괴리라
> 새님 변오 마오 녜 님을 조차리라
> 눈 속의 솔가지 꺾어 이 내 뜻을 알리리라

지은이의 이름이 알려져 있지 않은 사랑시다. 미움이 생겨서 헤어진 사람을 잊지 못한 채 새로운 사람을 사랑하게 되었다. 그러자 새로 만나고 있는 사람이 그 사실을 알고는 서운해한다. 옛 사람을 사랑하기 때문에 못 잊어하는 것이 아니라 사랑했던 사람이라서 아주 완전하게 잊히지 않을 뿐이며, 시간이 흐르면 잊힐 것이라고 말해도 새로운 사람은 못 미더워 한다. 그러자 다시 말한다. 새롭게 사랑하게 되니 사람이여, 부디 날 사랑하는 그 마음 변치 말아요. 내가 어찌 옛 사람을 따르겠습니까. 그래도 새 사람이 믿지 않으려 하자, 눈 속의 솔가지를 꺾어 들어 보이면서 '이제 내 마음 아시겠는가, 그대여'라고 한다.

정선, 청풍계도, 비단에 담채,
132.8×59cm, 간송미술관 소장
1739년 봄, 63세 때 작품.
장동팔경(壯洞八景) 중 하나.
동양회화 구도의 특색인
공간을 무시하고 화면 전체를
짙은 농먹으로 바위와 나무를
그려 넣어서 입체감을 준다.
바위의 준법(皴法)도 큰 도끼로
단숨에 쪼갠 듯한 '대부벽준'
(大斧劈皴)을 크게 확대시킨
듯한 힘찬 필세로 위에서
아래로 찍어 내린 괴량감이
화면을 압도하고 있다.
단번에 찍어 내린 듯한 바위
절벽 위에 비스듬히 서 있는
소나무들의 곡선이 절벽의
차가움을 너그러움으로
완화시키면서 소나무의
곡선과 솔가지의 균형미가
더해져 구도의 여백을
느끼게 한다.

율곡의 「구산구곡가」에서 '송간'松間은 소나무에 투영된 삿됨 없는 위엄, 깨끗한 존경과 의지를 의미한다. 뿐만 아니라 소나무 사이에 놓은 청잣빛 술병과 그 안에 담긴 술을 통해 인간적 흠모도 표현해내고 있다. 율곡은 한때 어머니의 별세로 슬픔이 너무 커서 금강산으로 들어가 불교의 무상無常을 탐구하기도 했다. 이후 다시 세속으로 돌아와 과거시험을 거친 뒤 '해동의 주자'로 칭송받는 안동의 퇴계 선생을 찾아뵌 일이 있었다. 그때 퇴계 선생께서 성리학 요체를 물으시고 나라와 백성을 사랑하는 큰 학자가 되어줄 것을 당부하셨다. 율곡은 퇴계 선생의 그 말씀을 잊지 않았다.

16세기 후반으로 기울면서 정치가 부패하고 학문이 출세를 위한 수단으로 전락하게 되자 율곡은 깊이 고뇌했다. 이윽고 퇴계 선생이 타계하시자 어려운 세상을 되살려낼 길을 여쭐 만한 어른이 안 계시게 되었다. 즉 율곡의 「구산구곡가」에 나온 '송간'에는 퇴계 선생의 학문과 사상이 은유되어 있고, 소나무 숲에서 퇴계 선생께 술 한 잔을 올리고 싶은 마음이 진하게 녹아 있다.

반면 구지의 시는 낙락장송으로 만든 배와 그 배를 타게 될 애인 유일지와의 절절한 사랑을 노래하고 있는데, 낙랑장송으로 만든 배는 구지의 배로도 읽힐 수 있겠다. 이때 구지의 배는 곧 낙락장송으로 지은 배처럼 믿음이 가고 튼튼하다는 은유가 된다. 그 구지의 배에다 유일지를 태워서 꽁꽁 묶어두었으니 다른 어떤 사내들의 추파와 유혹도 소용없다는, 신뢰와 자신감의 표현인 셈이다.

작자 미상의 「뫼온 님 괴려 나니」는 눈에 덮여 있는 소나무의 푸른 가지를 꺾어서 들어 보임으로써 사랑에 대한 징표로 삼겠다는, 그야말로 소나무 안에 깃든 지조와 정조의 상징적 믿음을 보여주는 작품이다.

소나무는 봄·여름·가을·겨울의 변화를 겪고 그 속에서도 변함이 없다. 변화는 모든 것과 공존하면서 자신의 정체성을 더욱 견고하게 다지게 하며, 그 금강석 같은 정체성이야말로 이질적인 것들과의 공존을 자유롭게 하는 것임을 가르쳐준다. 그러한 자유는 모든 것과의 관계가 평등해야 한다는 믿음에 헌신하는 삶을 살도록 한다. 그런 정체성과 자유에 대한 헌신이 있어야 사랑하며 살아갈 수 있다. 이것이 소나무 안에 살아 있는 가르침이다.

푸른 수염의 늙은이로 사는 길

소나무가 지닌 미덕의 자취는 솔잎으로도 알아볼 수 있다. 솔잎에는 많은 것이 담겨 있다. 그러나 솔잎은 제 스스로 말하지 않는다. 그저 있는 듯 없는 듯이 다른 사물들의 그늘이나 향기며 소리 속에 녹아 있기도 하고 빛깔이나 생김새에 묻어나고 우러나기도 한다.

어젯밤 송당에 비 내려

베갯머리 서편에선 시냇물 소리

새벽녘 뜨락의 나무를 보니

자던 새가 둥지를 뜨지 않았네

昨夜松堂雨　溪聲一枕西

平明看庭樹　宿鳥未離栖

고려 때 시인 고조기高兆基의 「산장우야」山莊雨夜다. 산중 집에 밤비 듣는 호젓한 정경이 그려진다. 송당松堂은 군이 소나무로 지은 집이라 말할 필요도 없다. 모든 집은 소나무로 지어졌기 때문이다. 혹은 소나무는 때로 그 자체로 사람 사는 집이기도 하다라고 이해할 수도 있다.

그저 산이 있다. 산속에는 산을 닮은 집이 있고, 그 집 작은 방의 서쪽으로 작은 창이 나 있다. 간밤엔 비가 왔다. 시냇물 흐르는 소리에 뒤척이다가 잠이 들었다. 비 그친 새벽숲은 고요에 젖어 있다. 둥지 안 새들은 젖은 대지 위로는 날지 않는다. 숲속은 온통 살아 있는 것들의 법열이 고요의 속살을 더욱 해맑은 정신으로 채우고 있을 뿐이다.

집이면 그만이지 소나무며 잣나무로 지었다는 말이 왜 필요한가. 이제 보면 알아야 한다. 말을 버리라. 그럴 때가 되었다. 소나무는 군이 자신을 소나무라 말한 적 단 한 번도 없지 않은가. 그런데도 다들 소나무를 알아보지 않나. 솔숲에 가서야 아는 것이 아니다. 소나무는 도처에 있지만 한 번도 자신을 드러낸 일은 없다.

그래서 자연이고 자연이 낸 교사라 말하는가 보다. 사람이 소나무를 스승으로 모시게 된 것은 소나무가 말 잘하고 논리 정연하고 해박하고 박식해서가 아니라 침묵하고 침묵으로 더 많고 깊이 있는 것을 알게 해주기 때문이 아닐까 싶다.

북악은 창끝처럼 높이 솟았고
남산의 소나무는 검게 변했네
송골매 지나가자 숲이 겁먹고
학울음에 저 하늘은 새파래지네
北岳高戌削　南山松黑色
鷹過林木肅　鶴鳴昊天碧

박지원의 「극한」極寒이란 시다. 몹시 추운 날 남산의 정경을 그리고 있다. 북악산 봉우리들이 창끝을 세운 듯이 뾰족뾰족 솟아 있는 모습은 매운 겨울날 구름 한 점 없이 시퍼런 하늘 색깔과 절묘한 대비를 이룬다. 북악산 건너편 남산의 소나무는 파랗게 질리다 못해 검은 빛을 띠었는데, 솔빛은 추워진 뒤에야 제 모습을 지닌다. 어지간히 추운 날씨여서 온갖 사물들이 잔뜩 웅크린 정경이다.

송골매란 녀석이 날개를 쫙 펴고 솔숲 위를 선회하자 숲은 병아리 떼처럼 잔뜩 긴장하여 움츠리는 듯하다. 숨이 막힐 듯 팽팽한 긴장이 숲을 조여든다. 그때 학이 목을 빼어 긴장을 깨뜨리며 청아하게 운다. 학 우는 소리에 깜짝 놀란 하늘이 더욱 푸르러진다. 추위에 얼어붙은 하늘 빛깔, 송골매의 기습 앞에서 잔뜩 움츠린 사물들의 표정, 학의 울음소리에 까무러치는 하늘 빛깔들이 모두 겨울 남산 소나무의 솔빛에 의지하거나, 메아리로 되울리거나, 그 위에 겹쳐지면서 청정한 추위를 그려내고 있다.

소나무는 매화·난초·국화·대나무와 함께 문학과 여러 예술 분야에서 보편적인 소재로서 곧잘 형상화되어왔다.

솔은 모든 나무와 풀이 가장 두려워하는 추위와 눈보라에도 아랑곳하지 않고 푸르름을 떨쳐 입고 서 있다. 잎을 지워버린 나목들이 겨울 빈산의 고적함을 지킬 때 고고한 솔향기 머금은 채 홀로 서서 눈보라를 벗하는 소나무는 모진 고난과 역경 속에서도 의로움을 잃지 않는 군자의 정신을 만나게 한다.

혹한일수록 더욱 짙은 푸르름을 뿜어내는 소나무에게 옛 선비들은 늠렬凜烈, 위엄이 있고 당당함이란 글자를 헌정했다. 그리하여 고려 말 이곡李穀, 1298~1351의 「죽부인전」竹夫人傳, 조선 초의 「안빙몽유록」安憑夢遊錄, 임제林悌의 「화사」花史 등 의인체 한문소설과 수많은 시조에서 소나무의 상징적 의미를 그리고 있다.

이곡은 목은牧隱 이색李穡, 1328~96의 아버지다. 중소지주 출신의 신흥사대부로 원나라의 과거에 급제하여 실력을 인정받음으로써 고려에서의 관직 생활도 순탄하였다. 원나라에서 명성을 얻어 고려 외교관으로서 역할을 성실하게 해냈는데, 고려의 나이 어린 여자를 징발해가는 악법을 중단해줄 것을 원나라 조정에 건의했다.

그의 아들 이색도 원나라에 가서 1354년 제과制科 회시會試에 1등, 전시殿試에 2등 합격하여 한림원에 등용되었다.

아버지와 아들이 모두 익재 이제현1287~1367의 제자였다. 익재는 원나라가 고려의 국가적 독립성을 말살시키고 원나라의 한 성省으로 삼으려는 책동을 저지해낸 당대 최고의 정치가이자 학자였다. 익재의 학통이 이곡, 이색 부자에게 이어졌고, 이색은 정몽주, 정도전, 이숭인을 제자로 삼았다.

뒷날 이색, 정몽주가 고려의 정통성을 지키려는 정치를 펴게 되고, 정도전은 이성계를 도와 고려 왕조 대신 새로운 이씨 왕조 창업에 동참하면서 두 세력은 극단으로 대립했다. 정몽주는 이성계와 그의 세력을 제거하기 위해 혼신을 기울였고, 정도전은 그런 정몽주 지지 세력을 꺾는 데 도전했다. 결국 이성계를 제거하는데 실패한 정몽주는 이성계 아들 이방원의 뜻에 따라 살해되었고, 이색도 제거되었다.

정몽주와 이성계의 목숨을 건 권력 투쟁 과정에서 먼저 치명적인 공격을 당한 것은 이성계였다. 사냥 도중 고려의 지속을 원하는 세력이 보낸 자객이 쏜 독화살에 맞았다. 그러나 이성계의 지지자들은 소나무 숲에 키 높이로 구덩이를 파고 독화살의 뱀독이 퍼져서 죽어가는 이성계를 구덩이 안에 세운 다음, 머리만 땅 밖으로 내놓은 채 흙으로 구덩이를 메웠다. 소나무 뿌리들이 몸 안에 퍼진 뱀독을 빨아낸다는 비법을 사용한 것이다. 하루쯤 지나자 소나무 잎이 검게 변해가기 시작하였고 이성계는 천천히 의식을 되찾아갔다. 그렇게 이성계는 소나무 뿌리의 신비스런 힘 덕분에 목숨을 구할 수 있었다는 이야기가 전해온다.

실제로 이성계는 소나무와 인연이 깊다. 겸재 정선이 그린 「함흥본궁송」咸興本宮松이란 소나무 그림이 있다. 함흥본궁이란 이성계가 아직 왕위에 오르기 전에 살았던 집을 말한다. 이 집의 이름을 '풍패루'豊沛樓라 불렀는데, 이는 한나라 유방劉邦의 일을 본떠서 지은 이름이다. 이성계는 아직 왕위에 오르기 전 이 건물 앞에다 손수 여섯 그루 소나무를 심었다. 그때부터 이성계는 자신의 집을 '송헌'松軒으로 불렀는데, 독화살을 맞았을 때 목숨을 구해준 소나무의 은혜를 잊지 않기 위해서였다는 말도 전해온다.

조재삼趙在三이 쓴 『송남잡지』松南雜識에 이러한 내용이 적혀 있다.

야사野史에 전하기를, '태조 이성계가 아직 왕위에 오르지 않았을 때, 함흥의 풍패루 앞에 손수 여섯 그루 소나무를 심고는 호를 송헌이라 하였다. 임진왜란 전에 네 그루가 저절로 말라 죽었는데, 두 그루는 아직 청청하다'고 한다.

그런데 '겸재 소나무'라고도 부르는 '함흥본궁송'에는 세 그루가 그려져 있다.

임진왜란 이전에 네 그루가 말라 죽었다는 『송남잡지』 기록과는 차이가 있지만, 겸재가 그곳을 방문했을 때까지는 분명히 세

정선, 함흥본궁송도, 종이에 수묵담채, 화첩,
29.5×23.4cm, 독일 성 오틸리엔 수도원 소장.
'겸재 소나무'라고도 부르는 특유의 기법이 잘 묘사된 것이다.
가느다란 필선으로 먼저 소나무 잎을 그리고 그 위에다
엷은 먹의 선염(渲染)을 써서 솔잎의 다발들을 탐스럽게
보이도록 하는 이 기법은, 김홍도를 비롯한 정선 이후의
많은 화가들이 모방했으므로 '겸재 소나무'라는 이름이 생겼다.

그루가 살아남아 있었던 것으로 보인다.

독일의 성 오틸리엔 수도원이 소장하고 있는 스물한 장으로 된 겸재 정선의 화첩은 그 양식으로 볼 때 1753년 이후에 그려진 것으로 짐작된다고 한다. 그림의 왼쪽 위에 "이 늙은이의 필력이 비록 군세다고는 하나, 신의 도움이 아니었다면 어찌 이 같은 그림을 그릴 수 있겠는가"라고 적혀 있다. 이 글로 짐작해보면 이 그림은 겸재 만년의 작품임이 분명하다. 그리고 이 그림 오른쪽 위에는 "나는 일만 년을 봄으로 살고, 다시 일만 년을 가을로 살기를 축원한다"고 적은 점으로 미루어보면, 소나무가 오래도록 살아 있기를 바라는 축원을 담았다고 볼 수 있겠다.

함흥본궁송이 왜 일곱 그루였을까 하는 궁금증을 두고 중국의 역사 속에 등장하는 인물들의 절개와 지조를 정신적 표상으로 삼기 위한 이성계의 심오한 사상으로 보려는 글들도 있다. '칠송 거사 정훈' '도연명의 버드나무 일곱 그루' '최사립의 소나무 두 그루' 등이다. 이 글들은 다만 이성계를 중국의 역사적 인물들과 함께 거론할 수 있는 빌미를 찾기 위한 노심초사의 결과로밖에 볼 수 없다.

오히려 자신의 목숨을 구해준 것이 사람이 아니라 소나무였다는 것을 솔직하게 고백한 태도가 더 당당하고 당대 최고 무사였음을 보여주는 지조라고 생각된다. 속으로 한 점 부끄럼 없는 푸른 수염의 늙은이여야만 소나무를 말할 자격이 있을 것이다. 오늘날 중앙 정부의 높은 관직에 오르기 위한 청문회 때만 되면, 살아온 인생 역정이 온통 거짓과 위선으로 질척거리는 모습을 보면서, 솔잎처럼 푸른 수염이 될 때까지 오래 살면서 세상의 존경으로 정신의 뼈를 세우고, 겸손과 정직으로 자신의 몸과 행동을 지어온 어른을 만나보기 어려워지는 이 시대를 아파해야 할 것이다.

이상적인 여인상이란 남성들이 만든 가상세계다

이곡이 지은 「죽부인전」은 대나무를 의인화하여 절개 있는 부인에 비유하고 있다. 지은이 이곡은 이 작품에서 성리학의 삼강오륜을 역설하면서 의義를 바탕으로 한 충忠과 인仁을 그리고 있다. 당시의 음란한 궁중과 타락한 사회에 경종을 울리면서 차츰 절개를 숭상하는 부인들이 드물어져 가는 사회를 한탄하면서 이 소설을 쓴 것 같다.

당시의 고려는 국운이 기울어 궁궐이나 여염의 기강이 풀려서 남녀 관계가 매우 문란했다. 퇴폐적인 세상에 일종의 열녀전인 이 소설을 내놓으면서 주인공 '죽부인'을 이상적인 여인상으로 부각시키고 있는 것이다.

주인공 죽부인은 빙憑이란 이름을 갖고 있으며, 위빈이란 고을에 사는 운雲, 왕대의 딸이다. 죽부인의 조상들은 음악에 조예가 깊어 나라로부터 훌륭한 악기들을 하사받았다. 그러나 그 시대는 매우 문란했다. 총각인 의남이라는 자가 음란한 노래를 지어 죽부인을 희롱했다. 죽부인은 절개를 지켜 의남을 물리치고 송대부松大

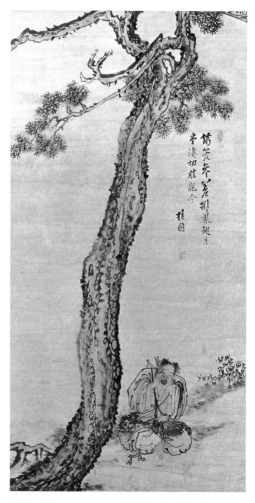

김홍도, 송하선인취생도, 종이에 채색, 109×55cm, 고려대학교박물관 소장.
화면 왼쪽 아래에서 시작된 소나무 줄기가 비스듬하게 가운데로 치솟아서
그림의 윗부분을 솔잎과 잔가지로 채우고, 화면 아래쪽에 생황(笙簧)을 불고 있는
신선동자를 배치하여 그림 전체에 높은 품격을 주었다. 특히 이 그림을 통하여
김홍도가 얼마나 놀라운 미학적 조형감각을 지녔던가를 살펴볼 수 있다.
마치 신선동자가 불고 있는 생황의 음률에 맞추어 소나무가 꿈틀거리며 리듬을
합주하는 듯한 느낌을 받는 것 같다. 이런 음악적 인상은 소나무의 굴곡진 형태와
솔껍질의 둥글둥글한 문양이 지니는 운동감의 조화와 상승효과로 볼 수 있다.
소나무는 노장사상의 신선들이나 유학자들의 군자 기상과 덕성을 상징하기도 한다.

夫란 총각과 혼인한다. 그런데 송공松公, 소나무은 선유仙遊하러 가서 돌아오지 않았다. 신선이 되어버렸기 때문이다. 죽부인은 청분산青盆山으로 집을 옮겨 갔지만 고갈병苦渴病을 앓는다. 남편이 그리웠기 때문이다. 끝끝내 병은 낫지 않았고 죽부인은 죽을 때까지 절개를 지키며 살았다.

이 소설에서는 죽부인의 남편인 송공을 이렇게 그리고 있다.

"송공은 군자다. 그 평소의 조행操行이 우리 집과 서로 짝이 된다" 하고 드디어 아내로 보냈다. 송공은 부인보다 나이가 18살 위인데 늦게 신선神仙을 배워 곡성산에 노닐다가 돌로 화하여 돌아오지 않았다.

앞부분은 죽씨 가문이 송대부 집안과 혼인을 할 만한 집안임을 은근히 자랑하고 있다. 뒷부분은 송공이 신선이 되어 돌아오지 않자 죽부인이 절개를 지키면서 외롭게 살다 삶을 마치게 되는 모습을 그리고 있다.

「죽부인전」에서 특기할 만한 것은 대나무와 소나무를 부부관계로 설정하고 있는 점이다. 특히 소나무가 남성으로 표현되어 있는 점은 중요하다.

이 작품에서 소나무는 두 가지 상징성을 갖고 있다. 하나는 유교적인 이미지이며 다른 하나는 신선적인 이미지인데 이 두 이미지가 중첩되어 나타나 있다. 유교에서 이상적인 인간 유형으로 정하고 있는 군자, 이 군자는 다시 신선이 된다는 남성 중심의 생각을 소나무의 상징성 속에다 만들어놓고 있다. 이때 '죽부인' 같은 이상적인 여인상은 여성들의 적극적인 생각으로 설정된 여성의 지향점이 아니라 남성이 남성을 위하여 설정한 가상 세계였다.

「안빙몽유록」은 꿈의 형식을 빌려 이야기하는 몽유록 양식의 소설이면서 또한 화초와 같은 사물을 의인화하여 사건을 진행시키는 가전체假傳體 소설이다. 여기서도 소나무가 한 명의 작중 인물로 형상화되어 나타난다.

안빙이란 서생이 있었다. 그는 과거에 여러 번 응시했지만 번번이 낙방했다. 어느 날 별장에서 한가로이 노닐다가 늦봄의 정취에 취해서 괴화나무에 기대어 낮잠이 들었다. 그는 꿈을 꾸었다.

꿈속에서 나비가 나타나 그를 어디론가 데려갔다. 어느 동네 어귀로 들어가 푸른 옷을 입은 아이를 만났다. 아이가 그를 데리고 갔다. 인간 세상이 아닌 듯한 처음 보는 곳으로 갔다.

아름다운 두 시녀가 그를 맞이한다. 요堯의 맏아들 단주의 후손이 다스리는 조원전朝元殿에 들어가게 된다. 그가 들어서자 신선의 음악이 울리면서 수백 명의 시녀들이 꽃가마에다 여왕모란을 태우고 나온다. 그가 여왕에게 인사하자 여왕도 답례를 한다. 그는 모란이 왕으로 있는 화초왕국에 초대된 것이다. 여왕이 이부인李夫人, 오얏과 반희班姬, 복숭아꽃를 불러오라 이른다. 이때 문 밖이 떠들썩하며 여러 사람이 나타난다.

조래 선생徂徠先生, 소나무, 수양처사首陽處士, 대나무, 동리은일東籬

隱逸, 국화이 나타나 여왕에게 절하고 안빙에게도 반갑다는 인사를 한다.

이때 이부인이 여왕에게 말한다. 옥비玉妃, 매화를 불러 같이 놀면 좋겠다고. 그래서 옥비가 나온다. 부용성주芙蓉城主, 연꽃가 옥비를 따라와서 성대한 잔치가 벌어진다. 그는 한 번도 보지 못한 진귀한 음식들을 먹으면서 수십 명이 연주하는 풍악과 춤을 감상한다.

여왕이 말한다. 아름다운 기약은 깨지기 쉽고, 좋은 일은 자주 있기 어려우니 저마다 시를 한 편씩 지어 서운함을 달래자고 한다. 돌아가면서 차례로 한 곡조씩 노래를 부른다. 옥비가 맨 먼저 노래한다. 여왕은 슬퍼하며 칠언율시를 지어 노래하면서 안빙에게 화답해보라고 한다. 안빙이 화답하자 부용성주에게 차례가 돌아간다.

조래 선생, 수양처사, 동리은일에게로 차례차례 넘어간다. 술잔이 한 순배 돌고 나서 안빙은 돌아가겠다고 여왕에게 말한다. 여왕이 이부인과 반희에게 노래와 춤으로 전송하게 하고 많은 선물을 준다.

돌아오는 길에 그 잔치에 참석하지 못한 한 미인艶堂花의 하소연을 듣는 순간 우레소리에 잠을 깬다. 그는 후원으로 나가보았다. 한바탕 꿈이었다. 꿈속에서 꽃들의 괴변을 겪은 것이다.

작중 인물들은 저마다 고유한 색깔과 자태에 따라 의인화되어 있다. 이 가운데서 소나무가 의인화된 인물은 조래 선생이다. 소나무가 많다는 중국의 조래산에서 따온 명칭이다.

　이 작품의 갈등은 조래 선생, 수양처사, 동리은일, 부용성주 등의 남성 인물들과 여왕, 이부인, 반희, 옥비 등 여성 인물들 사이에서 발견되는 삶의 방식 차이다. 여성 인물들은 사랑, 슬픔, 이별과 같은 과거 지향적이고 감상적인 삶의 태도를 지니고 있는 데 반해 남성 인물들은 변화무쌍한 삶의 방식을 끊임없이 추구한다. 맘대로 안 되는 세상일을 부정적으로 인식하기도 한다. 그러면서 세상을 주도해가려는 의지를 보인다.

　남성 인물 중에서 대표적인 조래 선생이 여왕의 칠언율시에 화답한 시는 곧 자기 삶의 방식을 잘 보여준다.

　　조래산 아래 나뭇 늙은 공公이

　　풍상 때문에 옛 얼굴을 고치지는 않는구나

　　가장 한스런 것은 주왕周王이

　　동쪽으로 수렵을 떠난 후

　　부질없는 명성을 얻어 진秦나라 봉호封號를 받음이라

　이 시에서 '풍상 때문에 얼굴을 고치지 않는 것'은 소나무의 성질을 가리킨다. 이런저런 잡다한 이유로 얼굴을 고치는, 즉 구차하게 변명하거나 핑계를 대면서 적당히 안주하려는 세속적인 삶의 천박성을 부정하면서, 소나무의 탈속적이며 늘 푸르고자 하는 의지를 표현하고 있다. '가장 한스런 것은 (……) 진나라 봉호를 받음이라'했다. 이것은 진시황이 태산에 올랐을 때 비를 만나 소나무 가지 아래서 비를 피한 일이 있었는데, 이때 진시황이 고맙다는 인사로 소나무에게 오대부五大夫라는 벼슬을 봉했다는 옛일을 두고서 하는 말이다. 그 같은 사실을 조래 선생은 '가장 한스러운 것', '부질없는 명성'이라고 했다. 즉흥적이고 감상적인 태도를 비판하는 조래 선생의 모습은 퍽 남성적이며 진취적인 개성을 느끼게도 하지만, 남성우월주의를 자긍심으로 느끼고 있기도 하다.

임제의 「화사」花史는 제목 그대로 '꽃나라 역사'를 그 내용으로 하고 있다. 식물 세계를 의인화하여 사건을 전개하면서, 특히 제왕의 전기를 중심으로 역사를 서술하는 방식인 본기체本紀體에 의해 편년식으로 서술하고 있다.

3대(계절)에 걸친 꽃왕국의 흥망성쇠를 정치적인 파란곡절의 은유로 표현하면서 당시의 현실을 강도 높게 비판한다. 봄·여름·가을 세 계절에 피는 꽃 중에서 매화·모란·부용 세 꽃을 군왕으로 삼는다. 그리고 철따라 피는 꽃·나무·풀들의 세계를 나라와 백성의 신하로 삼아서 사건을 전개한다.

매화는 도陶, 모란은 하夏, 부용은 당唐이라는 왕국을 통치한다. 도나라는 6년 동안 다스려지다가 동도국東陶國이 시작된다. 동도국의 왕은 매화의 동생인 악蕚이다. 악은 5년 동안 정사를 돌보다가 장군 양서가 보낸 석우라는 자객에게 살해된다.

석우는 다시 양서를 공격하여 쫓아내고 요황姚黃, 모란의 별명을 낙양에서 옹립하니 이가 곧 하나라의 문왕이다. 하나라는 6년 동안 통치되었지만 하왕이 후원에서 사슴에게 물려 죽자 망해버리고 도적들이 창궐하여 나라가 어지러워진다.

이때 많은 사람들이 왕을 선언했던 계주백에게 돌아가지 않고 수중군水中君, 연꽃에게 귀의하니 그가 전당錢塘, 연못에서 즉위하여 남당명주南塘明主가 된다. 남당명주는 이름을 백련白蓮이라 하여 5년 동안 나라를 다스리다가 방사方士의 장생에 대한 말을 듣고 흰 이슬을 마셔 병을 얻는다. 또한 좌우에 있는 신하들도 모두 흰 이슬을 마셔 벙어리가 되어 말을 못하게 되니 왕이 분을 참지 못하고 '하하'荷荷라 말하고 죽어버린다.

이 밖에 많은 꽃과 나무들이 나온다. 매화·대나무·모란·연꽃 등 많은 꽃들을 가지고 영주英主·현신賢臣·우군愚君·간신奸臣을 비유한다.

이 작품에서 고죽군孤竹君·오균烏筠, 대나무·대부大夫·진봉秦封, 소나무은 충신의 화신으로 표현되고 있다. 그들은 도탄에 빠진 백성을 구하기 위해 합심하여 매화를 왕으로 추대해서 나라를 세웠지만 외척들에 의해 축출당하거나 스스로 사퇴하고 만다.

소나무는 여기서 장군인 진봉으로 등장하는데 진봉에 관한 묘사는 다음과 같다.

진봉의 자字는 무지茂之인데 그의 선조가 진나라로부터 봉작을 받았기 때문이다. 그는 몸집이 후리후리하고 키가 컸으며 이미 늙어 허리는 굽었으나 창끝 같은 푸른 수염은 보기만 해도 무사의 위풍이 당당하였다. 그의 재질은 국가의 기둥이 될 만하여 성품은 고결하여 특출하게 빼어나기를 좋아했다. 바람을 만나면 그의 소리는 맑은 운치를 띠며 엄동설한에도 그의 빛은 항상 울창하였다. 그러므로 백직栢稙과 함께 국방의 임무를 맡고 밤낮을 가리지 않고 험산준령에서 함께했다.

이 작품에서는 오대부송五大夫松의 후손 진봉을 직접 등장시켜 세상일에 적극적으로 관여하여 구체적인 행동을 하는 인물로 표현하고 있다. 몸소 행동으로 실천하는 국가의 수호자인 것이다. 이는 소나무의 현실적 가치를 그대로 나타낸 것이다. '창끝 같은 푸른 수염'이란 표현은 강직한 무인의 기상을 보여주기도 하지만 솔잎의 형상을 사실적으로 그려 보이는 대목이다. 백직은 잣나무다. 여전히 남성중심주의 영역이다.

소나무 에로티시즘

소설 속에 나타나는 소나무는 구체성을 띠는 등장인물로 형상화되어야 한다는 제약 때문에 비유적인 경향이 강할 수밖에 없다. 그러나 시조문학에서 소나무는 다채롭고 자유로운 모습을 띠게 된다. 시조는 다른 주변의 사물들과도 거리낌 없이 어울리고 조화를 이루는 솔의 정신세계를 자유롭게 드나들 수 있다.

때때로 소나무의 이미지는 엉뚱한 은유로 표현되어 한 시대를 희롱하거나 풍자하기도 한다.

　　잔솔밭 언덕 아래 굴죽 같은 고래실을
　　밤마다 쟁기 메어 씨 던지고 물을 주니
　　두어라 자기 매득이니 타인병작他人並作 못하리라

　쉽게 풀이하자면 이렇다. 잔솔밭이 있는 언덕 아래 썩 기름지고 좋은 논을 얻어서, 밤마다 쟁기를 메고 가서 쟁기질을 하고 씨를 뿌리고 물을 주니 그 즐거움이 얼마나 큰가. 이 논은 본시 내 힘으로 사서 얻은 것이니 결코 다른 사람과 같이 농사를 짓고 수확할 수는 없는 노릇 아니겠는가.

　얼른 보기에는 농사짓는 일을 읊은 것처럼 보이지만 자세히 읽어보면 전혀 엉뚱한 내용이라는 것을 알게 된다. 이 시는 잔솔밭이라는 소나무의 이미지를 빌려 끈적끈적한 에로티시즘을 은유하고 있다.

　'잔솔밭'은 키가 크고 몸집이 우람한 소나무 숲이 아니라 키가 작고 잔가지가 무성하여 흔히 다박솔이라고도 부르는 소나무들이 우거진 곳을 일컫는다. 그 형상이 여성의 거웃을 닮았다 하여 은유한 것이다. 잔솔밭 아래 기름지고 좋은 논이란 무엇이겠는가? 여성의 성기를 일컫는다. 그리고 '밤마다 쟁기를 메고 가서 쟁기질하고 씨를 던지고 물을 주니'에서 '쟁기'는 남성의 성기를 말한다. '씨를 던지고 물을 주니'는 성교 행위를 가리킨다. '두

어라 자기 매득이니 타인병작 못하리라'는 '내 여자(아내)를 어찌
다른 사내와 함께 사랑할 수 있겠느냐'라고 하는 다분히 문란한
성생활에 대한 풍자다. 이 시보다 더 노골적인 무명씨의 다음 작
품도 소나무의 이미지를 적절하게 끌어들여 질탕한 성행위를 노
골적으로 그리고 있다.

중놈도 사람인 양하여 자고 가니 그립더고
중의 송락松絡 나 베옵고 내 족도리란 중놈 베고
중놈의 장삼은 나 덮삽고 내 치마란 중놈 덮고
자다가 깨야 보니 둘의 사랑이
송락으로 하나 족도리로 하나
이튿날 하던 일 생각하니 못 니즐가 하노라

송락이란 소나무에 기생하는 겨우살이로 만든 스님('중놈')이
쓰는 모자다. 이 시에서 송락은 여인의 족도리와 대비되는 남자의
성기를 상징하고 있다. 어느 시대의 타락한 성문화를 중과 여인의
소유물인 머리에 쓰는 물건을 통해 상징화하면서 통렬한 세태 풍
자를 하고 있다. 하지만 또 다른 인간의 심리, 즉 유교적인 성의 억
압 구조와 억눌린 기존 관념을 거부하는 노래로 새겨들을 수도 있
을 것 같다.

소나무의 은유와 비유로 보는 어떤 시대

이 몸이 죽어가서 무엇이 될꼬 하니
봉래산 제일봉의 낙랑장송 되었다가
백설이 만건곤할 제 독야청청하리라

사육신의 한 사람으로 세조 원년에 단종 복위를 꾀하다가 발각
되어 피살된 성삼문의 시조다. 늘 푸른 소나무의 변하지 않는 모
습을 은유하여 자신의 의리와 절개를 기품 있게 노래했다. 도대체
지성인에게 의리란 무엇이며, 절개는 또 무엇에 쓰는 물건인가?
이 시대에도 지식인이며 사회 지도층 인사들에게 의리와 절개가
필요하며 실제로 그런 경우가 있을까.

더우면 꽃 피고 추우면 잎 지거늘
솔아 너는 어찌 눈서리를 모르는가
구천九泉의 뿌리 곧은 줄을 그로 하여 아노라

윤선도의 「오우가」 중에서 네 번째 작품은 자연의 재발견이자
인생의 재음미를 느끼게 한다. 자연과 인간 사이에서 교감된 아름
다움의 진미를 깨닫게 된 노래다.

소나무가 눈서리를 맞아도 변치 않는 고고한 절조를 찬미한 이
노래는 불굴의 절조가 어디서 비롯된 것인지를 말하고 있다. 구천

에 깊이 뿌리내리고 있기 때문임을 노래한다. 뭐랄까, 말末로써 본
本을 캐내는 신묘한 수법이라고 말할 수도 있겠다.

'솔아' 하고 외쳐 부르는 멋은 무감각인 솔에다 생명을 불어넣
어 역경에서도 불굴, 불변하는 충신열사의 절조를 칭송하고 있다.
따라서 이 노래는 작가 자신이 솔이며, 솔이 곧 작가인 동일성을
보여주고 있다.

윤선도는 소나무의 덕을 기리면서 이같이 눈서리를 모르는 솔
의 절개를 칭송했다. 사시사철 청청한 솔과 즐겨 짝을 이루는 소
재 중 하나가 눈과 서리다. 이때의 눈과 서리는 어느 한 순간의 기
세로 나타나 세상을 뒤덮고 현혹시키는 불순하고 의롭지 못한 권
력이나 세도, 혹은 걷잡을 수 없이 변화무쌍하여 허망한 현실을
상징한다.

솔과 대비되는 의미로 흔히 쓰이는 사물이 있다. 「안빙몽유록」
의 여성 인물들과 같은 성격으로 특징지어지는 도화桃花나 이화李
花가 그것이다.

장송長松이 푸른 곁에 도화는 붉어 있다
도화야 자랑 마라 너는 일시 춘색春色이라
아마도 사철 춘색은 솔뿐인가 하노라

춘중春中 도리화桃李花들아 고운 양 자랑 마라
창송蒼松 녹죽綠竹은 세한歲寒에 보려무나

정선, 노산초당도, 비단에 담채, 122.5×69cm, 간송미술관 소장.
노산(盧山)은 중국 강서성의 명승지로, 이 작품은 실제 풍경과는 관계없이
겸재의 상상으로 그린 것. 초당 뒤로 폭포 떨어지는 모습이 멀리 보인다.
산으로 둘러싸인 초당에 선비가 앉아 있고, 초당으로 들어서는 들머리 양켠에는
솔숲이 우거졌다. 오른쪽 계곡에는 물이 흐른다. 선비가 앉아 있는
초당의 난간과 들머리 길로 들어서고 있는 동자가 어깨에 메고 있는
막대기 앞뒤에 매달린 짐보따리의 붉은 색깔이 화면에 악센트를 준다.

백경현의 시(위)에 등장하는 도화나 김유기의 시(아래)에 등장하는 이화는 장송, 창송보다 아름답다. 하지만 두 꽃은 봄날 한때 피었다 지는 덧없는 자태에 지나지 않아 솔과 견줄 바 못 된다고 보았다. 여기서 일시적인 화려함을 자랑하는 꽃들은 아첨하는 신하를 상징하고, 솔은 충신으로 자리매김되어 있다.

　　솔은 직접적인 충신이나 인물로 비유하고 있는 작품 중에서 가장 대표적인 것은 다음의 두 시조다.

　　간밤에 불던 바람에 눈서리 치단 말가
　　낙락장송이 다 기울어 가노매라
　　하물며 못다 핀 꽃이야 일러 무삼하리오

　　어인 벌레인데 낙락장송 다 먹는고
　　부리 긴 딱따구리는 어느 곳에 가 있는고
　　공산空山에 낙목성落木聲 들릴 제 내 안 둘 데 없어라

　　두 시인첫째는 유응부, 둘째는 무명씨은 기울어가거나 벌레먹어가는 낙락장송, 즉 한 왕조나 시대가 사악하고 타락한 권신배들의 협잡과 탐학으로 몰락해가고 있음을 전제하고 있다.

　　유응부는 붕괴해가는 왕조(국가)를 바라보면서 무지하고 약한 백성(국민)들이 겪게 될 참혹한 고통과 혼란을 절규하고 있다. 무명씨와 정치적 견해는 유응부보다 더욱 구체적이고 처절하다. 왕

이상좌, 송하보월도,
비단에 담채, 190.0×81.8cm,
국립중앙박물관 소장.
『패관잡기』에 기록하기를,
이상좌는 어느 선비의 집
노비였는데 어릴 적부터
그림을 잘 그렸고, 그의 산수
인물이 높이 평가되자 중종이
특명으로 그를 노예 신분에서
해방시켜 도화서 화원으로
일하게 해주었다고 한다.
그의 아들 숭효, 흥효, 손자
이정도 화원이었다.
이 그림은 남송과 원의
원체화풍 구도와 같다.

조(낙락장송)를 붕괴시키고 있는(먹는) 세력(벌레)을 몰아낼 충신(부리 긴 딱따구리)이 없음을 절규하고 있다.

그런가 하면 솔은 탈속적이며 선적仙的인 상황을 보여주는 상징물로도 곧잘 쓰였다.

솔 아래 아이들아 네 어른 어디 가뇨
약 캐러 가시니 하마 돌아오련마는
산중에 구름이 깊으니 간 곳 몰라 하노라

창암蒼巖에 섰는 솔아 너 나건디 몇천 년고
너는 서 있거니 장자방은 어디 가니
지금이 자방곳 있다면 원종유遠從遊를 하리라

솔 아래 앉은 중아 어 앉은 지 몇천 년고
산로山路 험하여 갈 길을 모르는다
앉고도 못 잊는 정이야 너나 내가 다르리

세 작품첫째는 박인로, 둘째와 셋째는 무명씨 모두 시인들이 누군가를 불러내는 방법을 통해 시인이 꿈꾸고 있는 가상의 세계로 들어가고 있다. 시인이 서 있는 '지금 여기'와 꿈꾸고 있는 '거기'는 속세와 탈속이다. 이 시들은 모두 유교적 명분과 현실론에 대응되는 반이념으로서 신선사상이 지니는 가치 세계를 느끼게 해준다.

이경윤, 산수도, 비단에 담채, 91.1×59.5cm, 국립중앙박물관 소장.
이 그림은 구도와 채색법 등에서 명나라 종실화원의 북송화풍이
뚜렷한 작품이다. 화면 중심에 자리잡은 바위, 소나무,
인물은 강건하고 심중하며 우아한 느낌을 준다.

소나무의 중심 이미지 중에서 인간들이 가장 즐겨 상징하는 것이 오래 사는 것이다. 누구든 병 없이 오래오래 살고자 하는 욕망 때문에 생겨난 것이다.

솔은 이 같은 탈속적인 이미지를 지닌 사물로 인식되었고 또한 인간들의 장수하고 싶은 욕구를 만족시키는 모습을 갖추고 있어서 솔을 향한 한국인의 정신적 귀의심은 신앙에 가까웠다.

소나무는 우리 민족의 나무다. 우리나라의 산수는 매우 수려한데 그 수려함은 소나무가 아름답게 수를 놓은 정경과 관련이 있다. 소나무가 서 있는 풍경은 우리나라 자연미의 정형이다. 기암창송奇巖蒼松과 백사청송白沙靑松은 우리 민족의 기상과 정서를 길러온 미학의 스승이자 자연 학교였다.

제6장

솔아 솔아 푸르른 솔아

거센 바람이 불어와서 어머니의 눈물이
가슴속에 사무쳐 우는 갈라진 이 세상에
민중의 넋이 주인 되는 참 세상 자유 위하여
시퍼렇게 쑥물 들어도 강물 저어 가리라
솔아 솔아 푸르른 솔아 샛바람에 떨지 마라
창살 아래 내가 묶인 곳 살아서 만나리라

곡선의 미학

소나무는 솔숲 또는 우람한 한 그루 전체가 아름다운 조화를 이루고 있지만 가지 하나하나, 줄기 하나하나도 그 아름다움에서는 전체 못지않다. 소나무는 붉은 비늘로 몸을 단장하고 휘고 굽어서 하늘로 솟구쳐 오르는 듯하다. 소나무가 푸른 솔잎을 날개로 삼아 태양을 숨 쉬는 모습은 정녕 한국인의 기상이다.

한국 소나무의 구불구불한 형태는 뿌리를 깊이 내릴 만한 땅심 좋은 토양층을 갖지 못한 데서 비롯된 현상이다.

대체로 수목의 형태는 토양의 성분이나 층의 두께와 관계가 있는데, 뿌리에서 빨아들이는 수분과 양분이 충분하면 줄기가 왕성한 기세로 뻗어 오르지만, 거칠고 메마른 토양에서 자라는 나무는 화분에서 키우는 분재처럼 키가 작고 구불구불한 형태로 성장하게 된다. 우리나라의 토양층은 대부분 매우 얇게 이루어진 노년기 지형이어서 소나무 형태가 구불구불한 것이 많다.

한국 땅 어디를 가든 이런 소나무들을 흔하게 볼 수 있다. 이 같은 소나무에 대해 우리가 어떤 태도를 취하는가, 우리의 관심이 소나무에 부여한 의미가 무엇인가에 따라 소나무의 속성이 우리의 의식 세계에 미치는 영향은 크게 달라질 수 있다.

구불구불한 소나무 형태가 우리에게 어떻게 느껴지고 곡선의 다양한 모습이 한국인의 미의식 형성에 어떤 영향을 미쳤는지도 생각해볼 만하다 하겠다.

정선, 박연폭포,
종이에 수묵, 119.1×52cm,
서울, 개인 소장.
송도삼절 중 하나인
박연폭포. 이 폭포의 특색은
꼭대기와 아래쪽에
닮은 바위가 들어 있는 못이
하나씩 있는 점이다.
이들을 각각 상박연,
하박연이라 부른다.
강렬하고 단순한 구도를 지닌
이 작품은 그가 가진 필치의 특
색을 가장 잘 드러낸 것이다.
수직으로 떨어지는 폭포,
그 좌우의 암벽과 암벽에
비스듬하게 무리지어 있는
소나무숲이 폭포를
생동감 있게 만든다.

소나무의 곡선이 지닌 느낌을 말할 때 가장 보편적인 특징 중 하나는 소나무 곡선의 외형적인 특징들을 넘어서서 그 내면 세계를 형상화하여 받아들인다는 점이다. 겉으로 드러난 소나무의 단순한 형태미보다는 다양한 곡선에다 여러 가지 의미를 부여하여 감상한다는 것이다.

한국의 노년기 지형은 몇 가지 특징을 지니고 있다. 산과 산맥이 웅장하고 쾌활하게 치솟고 뻗어가는 것이 아니라, 멀리 바라보이는 강물처럼 굽이굽이 흐르는 그만그만한 능선들이 고요하게 엎드려 있다. 능선과 능선 사이로는 순하고 맑고 작은 강들이 흐르고, 그 강기슭의 산비탈이나 산등성이에 구불구불 휜 소나무들이 산과 언덕들의 생김새와 하나로 어울려 고요한 조화를 이루어 낸다. 구불구불한 다양한 형태들이 어울려 새로운 곡선들의 집합을 만든다. 한 그루 소나무의 곡선은 그저 곡선으로 그칠 수도 있지만 수백 수천의 다양한 곡선들의 만남과 헝클어짐은 곧 자연의 선이며 우주적인 미학이 담겨 있는 곡선의 원초이자 생명력의 시작으로 느껴지기도 한다.

한국의 전통적인 집과 마을의 생김새는 뒤에 산을 짊어지고 앞으로는 물이 흐르는 강이나 시내를 보듬고 있다. 마을 뒷산은 순하고 따뜻한 느낌을 주는 부드러운 선을 지니고 있는 것이 보통이다. 깎아지른 듯한 낭떠러지가 있고 화살촉처럼 예리한 산꼭대기와 가파른 비탈을 거느린 산 아래 집을 짓거나 마을이 모여 있는 경우는 드물다. 대개는 둥그스름한 모양이다.

이인문, 송계한담도, 종이에 수묵담채, 24.3×33.6cm, 국립중앙박물관 소장.
세 사람의 선비가 물가의 바위 위에 앉아서 물소리와 솔바람 소리에 싸여
고담준론을 나누고 있다. 그들의 대화 내용이 어떤 것인지는
기이하게 뻗어 올라간 소나무들의 맑은 색감과 왼쪽의 시냇물,
석문(石門)처럼 양쪽에 서 있는 암벽 사이로 희미하게 보이는
절의 은은한 풍치가 넌지시 암시하고 있다.

그런 산을 등지고 있는 마을 집들의 초가지붕 곡선은 마을 뒷산을 닮아 있다. 산과 집의 모양이 서로 껴안고 포개지고 어우러졌다. 그런 집들의 기둥이며 보, 도리, 서까래들도 곧은 수직보다는 구부정하고 휘어져서 부드러운 곡선을 지닌 것들을 사용한다. 일부러 그런 것이라고는 말하기 어렵겠지만, 재력과 명성을 지닌 부잣집이나 양반 사대부 집이 아닌 서민들의 집을 짓는 데 직선으로 굵은 소나무를 재료로 쓰기는 어렵다. 비용도 만만찮거니와 귀하기 때문이다. 그렇게 지은 초가집은 대체로 곡선들의 융합체다. 초가지붕은 사방 어디에서 봐도 곡선을 지녔다. 이런 초가집들로 이루어진 동네나 마을도 곡선들의 어우러짐이 만들어낸 따뜻함과 부드러움 그리고 서로 껴안고 다독거리면서 함께 살아가는 삶터다.

집을 둘러싸는 울타리나 담장도 곡선이며, 담장과 담장 사이로 난 골목길도 곡선이다. 마을 앞으로 흘러가는 실개천이든 작은 도랑이든 제법 볼 만한 강이든 그 주된 흐름은 곡선들을 만들면서 느리게 또는 조금 빠르게 흐른다. 산 위에서 바라보면 마치 지렁이나 뱀장어 혹은 기다란 비단구렁이가 꾸물꾸물 기어가는 모습처럼 보인다. 그 물을 끌어대어서 농사짓는 논들의 생김새도 곡선으로 둘러쳐진 논두렁에 안겨서 조개껍질을 닮았다. 비탈진 곳의 논들은 작고 예쁜 조개껍질을 차곡차곡 포개놓은 것 같기도 하다. 밭둑도 굽었다. 그런 들판 한가운데로 지나가거나 산 아래를 지나 고개를 넘는 길들도 모두 곡선이 곡선을 물고 이어진다. 마을 뒷산에서 뻗어나가는 산맥들이나 산골짝마다 펼쳐진 들판들도 하나같이 부드러운 곡선에 기대어 고요하다.

들길로 이어지는 오솔길, 다박솔밭에서 산모롱이로 돌아가는 산길은 물론 서민들의 음식을 담는 질그릇도 곡선이다. 조선 사람들이 입고 사는 한복들의 곡선이나 마을사람들의 평안과 무탈을 기원하는 느티나무도 곡선이다. 곡선은 느림의 모성을 품고 있다.

곡선은 품어 안는 것이다. 결코 내치지 않는다. 설혹 불덩어리든 독이든 칼과 증오든 껴안아 삭혀서 새로운 목숨으로 살려내는 깊고 넓은 포옹, 포용이다. 겸손과 양보의 샘물이다. 야박하게 내치지 않고 옹졸하게 떠밀거나 매몰차게 차별하여 외면하지 않음이다. 곡선의 굽이굽이에는 또 하나의 삶의 풍경이 박혀 있다. 비록 쓸쓸해 보이고 조금은 외딴 것이 사실이지만, 인간의 삶에서 쓸쓸하고 홀로이지 않은 것이 과연 어디에 있을까?

그렇게 보면 곡선의 굽이굽이에 박혀 있는 외로움은 그렇지 않은 삶의 풍경을 전체로 완성하는 밑그림 또는 숨은 색깔이라 할 수 있다. 물질로서 자연 순리에 따르고 정신으로 자연과 하나가 되는 것이 곡선의 미학이다. 또한 곡선은 따뜻함이다. 한국인 생활과 심성 속에 깊이 배어 있는 따뜻함의 정서는 따뜻한 음식·주거·습속·언어·사상·무속·혼인·장례 등 생활 전반을 지속시켜가는 한국인의 마음이다. 소나무의 곡선은 이런 한국인의 마음과 마음 풍경을 존재하게 하는 미학적 바탕이다.

소나무는 곡선일 뿐만 아니라 전체적으로는 위로 치솟는 수직

경북 경주 흥덕왕릉 소나무 숲.
한국의 소나무에서는 자연을 닮은 곡선과 힘찬
생동감의 직선을 모두 느낄 수 있다.

선의 강렬한 힘을 느끼게도 한다. 위를 향해 수직으로 상승하는 속성과 전체의 역학적 균형을 위해 곡선 형태를 취하고 있는 속성이 동시에 들어 있는 것이 한국 소나무의 곡선이다. 수직적 직선이면서도 곡선으로 나타나고 구불구불한 곡선이면서도 수직적 직선으로 감응되는 것이 소나무의 조형이라고 할 수 있다. 그래서 우리는 구불구불한 소나무 형태를 곧게 자란 나무에 비해 못생겼다거나 아름답지 않다고는 결코 말하지 않는 것이다. 게다가 목재로서 소나무의 장점은 뒤틀림이 적고 줄어드는 것도 덜하면서 단단하다는 것이다. 이런 장점은 소나무의 수직과 곡선의 공존에서 생겨난 것이 아닐까.

여기에 한국인의 고유한 사상과 언어 속에서만 이해될 수 있는 보다 본질적인 개념들, 한국인의 문화를 어떻게 이해할 것인가 하는 만만찮은 문제가 들어 있다. 사실 선이란 사물의 윤곽뿐만 아니라 감정이나 미적 즐거움까지도 나타낼 수 있기 때문에 소나무의 곡선을 통하여 우리의 마음과 정신을 표현할 수 있다.

한국 조형의 아름다움이 '선의 예술성'에 근거하고 있음은 일반화된 사실이다. 그 선은 직선이 아니라 곡선이며, 곡선의 예술은 인위적인 것이 아니라 자연의 이치와 섭리를 존중하는 개념이 바탕을 이룬 것이다.

우리는 소나무를 바라볼 때 소나무 그 자체가 아니라 우리의 마음에 일고 있는 소나무에 대한 감정과 이미지를 더 중요하게 여기곤 한다. 소나무의 굽은 선은 매우 비기하학적인 것으로서 저절로 얻어진 신묘한 선이다. 이러한 한국 솔의 맛과 멋을 제대로 이해하려면 서구의 합리적이고 논리적인 사고로부터 떠나지 않으면 안 된다.

한국적인 사고방식으로는 정확하고 분명한, 인위적인 선이야말로 멋없고 뻣뻣하여 거부감이 가는 선으로 인식하는 경우도 적지 않다. 소나무의 구부정한 선에 대한 우리의 구체적인 인식은 곧 우리의 역사와 생활 속의 경험과도 깊은 관련이 있을 것이다. 소나무의 뿌리와 흙의 관계처럼, 우리네 삶과 역사의 각박한 터전에서 체험된 생존의 이웃이며 길동무였다. 굽은 소나무를 한참 바라보노라면 꿈틀거리며 치솟는 생명의 운동과 팽창의 리듬이 물씬물씬 느껴진다.

그런가 하면 굽고 뒤틀린 채 바람을 겪고 있는 소나무를 바라보다가 문득문득 생각나는 일들로 하여 눈시울 적시거나 목메일 때도 있다. 말이 좋아서 '꿈틀거리며 치솟는 생명 운동과 팽창의 리듬'이다. 그보다는 통한과 좌절로 역사의 그늘지고 음습한 뒤안길에서 죽지 않으려 절규를 씹어 삼켰던 날들이 더 많았던 우리의 역사를 되씹고 되씹을 수밖에 없는 것도 소나무의 굴곡에서 전해받는 감정이다.

될 수만 있다면 곧은 소나무로 살고 싶은 것이다. 누가 그 굴곡진 생존의 불길과 눈보라 속에서 한치 앞을 볼 수 없는 절망의 날들을 다시 살고 싶어할 것인가. 추위와 더위, 지긋지긋한 장맛비와 천지를 집어삼킬 듯한 태풍과 회오리바람, 겨우내 길이 끊기고

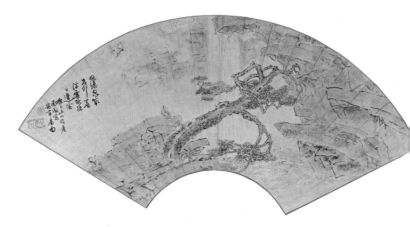

이인상, 송하관폭도, 종이에 담채, 63.2×23.8cm, 국립중앙박물관 소장.
이인상은 소나무를 매우 사랑했던 것 같다. 소나무를 통해
그의 청절한 격조를 표현하고자 했다. 왼쪽 아래에서 오른쪽 위로 휘어진
소나무는 건너편의 웅장한 폭포와 대비되면서 화면에 생동감을 주고 있다.
오른쪽 아래의 물보라와 왼쪽 바위 위에 앉아서 폭포를 응시하고 있는
선비의 자태는 이 그림을 그린 작가의 마음을 보여준다.

우물가는 길도 나설 수 없이 쏟아진 폭설과 그로 인한 단절, 사람 흔적을 없앨 듯 설치던 돌림병과 가난과 흉년은 그런 대로 견딜 수 있었다. 견디기 어려운 아픔은 이런 것이었다. 신라는 고구려, 백제와의 전쟁을 통해 삼국통일을 이루고자 했고 그 과정에서 빚어진 참상은 시간으로 덮이거나 잊을 수 없는 비극이었다.

백제군과 고구려군은 당나라 군대의 무자비한 살육전에 대부분 도륙되고, 당나라 군대의 최고 지휘관에게 항복하면서 항복문서에 서명했다. 신라 군사 책임자가 아닌 당나라 군대 책임자가 그 항복 문서를 받아서 당나라로 가져갔다. 그리고 백제와 고구려의 왕족과 귀족 및 수많은 사람들을 포로로 끌고 갔다. 그들은 고향으로 돌아오지 못했다. 중국 땅에서 죽었거나 중국인의 바닷속에 한두 알 모래처럼 뒤섞여버렸다.

백제와 고구려 사람들은 나라를 빼앗긴 지 백여 년 동안 후백제, 후고구려를 만들어 저항하면서 조국의 부흥을 꿈꾸었다. 서기 760년 통일전쟁 100주년이 될 때까지 백제와 고구려 사람들은 그들이 옛적부터 써오던 땅이름을 끝까지 고집하고 행정 구역 개편과 지명 변경을 반대하여 저항했다. 1,500여 년이 지난 지금도 백제와 고구려 사람들은 여전히 그들의 사투리와 습속을 핏속에다 녹여 안고 산다. 평안도와 함경도 사투리, 전라도 사투리와 음식과 습속이 화학적인 통일을 부정하고 있다.

소나무의 붉은 줄기와 푸른 솔잎의 색깔이 그저 아름답고 신비스러운 것만은 아니다. 비스듬하게 시작하여 굴곡지고 뒤틀린 줄기에는 삼국통일로 일컫는 정치의 왜곡과 폭력과 살상을 절규하는 침묵의 함성들로 고통스러워하는 표정인지도 모른다.

고려와 원나라의 100여 년 넘는 전쟁과 굴종과 능멸의 세월도 소나무의 곡선에 함축되어 있다. 원나라가 그토록 무섭게 닦달하면서 끌고 갔던 고려의 어린 소녀들 수천 명이 원나라 사내들에게 유린당하면서 울부짖고 피 흘렸다. 약소국 백성이자 여자로서 그 소녀들의 원한과 저주가 소나무 줄기를 감싸고 있는 껍질로 몸서리치고 있는지도 모른다.

임진왜란의 그 떼죽음과 능욕과 멸시의 극한이 끝끝내 조선시대의 종곡을 가져오고 말았다. 그러나 다시 일본의 군국주의가 한국을 식민지로 만들어 맘껏 유린하고 능멸했다. 그 40여 년 세월을 오히려 반겼던 친일지식인들의 양심이라는 것이 한국 소나무의 굴곡을 지체 부자유스런 장애처럼 판정하는 이 시대의 대세가 아닌지 모르겠다.

지금도 끼니를 굶어야 하고, 소작농지세를 걱정해야 하고, 사글세 걱정으로 밤잠을 설쳐야 하며, 일자리를 얻지 못해 시들어만 가고, 자식 두고도 외롭게 늙어 죽어가야 하는 사람들이 있다. 물도 공기도 사람도 인심도 몹쓸 것들로 돌변하고 있다. 이 지독한 슬픔이 소나무의 굴곡을 더욱 아프게 하고 있는 것 같다. 소나무는 이런 시대정신을 한시도 쉬지 않고 지켜보고 있다.

경북 경주 배리 삼릉 소나무 숲.
경주 남산자락에 있는 신라 제8대 아달라왕, 제53대 신덕왕,
제54대 경명왕의 능을 삼릉(三陵)이라 부른다. 삼릉에서 개울을
건너면 제55대 경애왕릉이 있다. 삼릉과 경애왕릉을 둘러싸고
있는 송림을 흔히 삼릉숲이라고 한다. 이곳의 소나무들은
마치 한 폭의 동양화처럼 멋진 곡선을 뽐내고 있다.

백제의 유물인 산경문전, 29.9×29.8cm, 국립중앙박물관 소장.
"앞면에는 암반과 암벽을 기하학적 문양으로 배치하고 그 뒤에는
산봉으로 이루어진 연산이 첩첩이 들어서 있다. 봉래산을 뜻하는 듯싶은
이 산봉우리마다 소나무 숲이 서 있고 산 위의 하늘에는 상서로운 구름이
흐른다. 근경(近景)에 나타난 암벽 뒤의 산중턱에 팔작지붕으로 된 집 한 채가
서 있다. 이 지붕에는 망새가 있어서 그 시대 건축의 특색을 보여주며,
오른편 암반 위에는 이 집을 향하여 유유히 걸어가는 한 인물이 표현되어 있다.
이 인물은 불교적인 승려 형상으로 측면 묘사이다. 환원염으로 구워낸
회색 벽돌이며 비교적 고운 태토가 쓰였고 그림 무늬 의장은 모두
범형(范型)으로 찍어낸 부조로 되어 있다"〈최순우 글에서〉.
우리나라의 그림 등에 나타난 소나무로는 가장 오래된 것으로 보인다.

소나무는 민족의 조경수였다

『삼국사기』의 「최치원崔致遠」에 이런 기록이 있다. 소나무와 대나무가 정원수로 사용된 최초의 기록으로 볼 수 있는 부분이다.

치원이 서쪽에서 대당大唐을 섬길 때부터 동으로 고국에 돌아와서까지 모두 난세를 만나 행세하기가 자못 곤란하고 걸핏하면 비난을 받으니, 스스로 불우함을 한탄하고 다시 벼슬에 나아갈 뜻이 없었다.

산림하山林下와 강해빈江海濱으로 소요 방랑하며 사대射臺를 짓고 송죽松竹을 심으면서 서책으로 베개를 삼고 풍월을 읊었으니 (……)

예로부터 우리 선조들은 산수풍경이 아름다운 곳을 찾아 한적한 곳에 터를 잡고 살면서 솔과 대를 심어 고절高節을 키우며 인격을 닦았다. 소나무가 예로부터 조경수로 쓰였다는 흔적을 엿볼 수 있는 증거이기도 하고, 집을 지을 때 주변 경관의 조건으로 소나무가 살고 있을 것을 들었다는 것이다.

윤국병의 「고려시대 정원 용어에 대한 연구」, 윤영활의 「고려시대의 정원에 관한 연구」, 정동오의 「이조시대의 정원에 관한 연구」 등에 따르면 소나무는 삼국시대부터 정원의 조경수로서도 높은 품격과 운치를 인정받았음이 증명된다.

청와대 녹지원의 눈 덮인 소나무.

고려와 조선시대 때 소나무는 국화, 대나무와 더불어 수양을 위한 은둔처를 꾸미는 데 없어서는 안 될 상징적인 조경수로 여겨졌다. 고려 때에도 소나무가 정원수로 사용된 흔적이 있는데 정원과 관련된 문헌에 정중송庭中松, 원중양송園中養松 등의 용어가 자주 등장하는 것으로 보아 소나무가 정원수로 많이 쓰였음을 알 수 있다.

조선 세종 때의 명신이자 시서화詩書畵 삼절三絶로 칭송받았던 강희안姜希顔의 저서 『양화소록』養花小錄에는 소나무에 관한 진귀한 기록이 담겨 있다.

그는 꽃과 나무의 품계를 9등급으로 나누어 감상하는 운치를 기록했다. 그중 소나무를 죽竹·연蓮·국菊과 더불어 제1품계에 두었다. 솔의 높은 풍치와 빼어난 운치를 높이 평가한 것이다. 또한 "소나무는 성질이 괴팍하여 잘 살지 않으며 옮겨 심을 때 굵은 뿌리를 끊고 흙으로 잘 덮어두었다가 다음해에 옮기면 잘 산다" 하여 소나무를 조경수로 이용하기 위해 큰 나무에 뿌리돌림하여 옮겨심기를 쉽게 하는 기술을 구체적으로 설명하고 있다. 소나무의 조형적 가치와 개성미를 품평한 대목도 눈에 띈다.

무릇 노송을 감상하는 법이 있다. 가지와 줄기가 꿈틀거리고, 후미지며 말라붙은 묵은 등걸이 많고, 잎은 가늘고 짧으며, 솔방울 매달린 가지에는 만년화가 늘어붙고, 바위 사이에 붙어사는 놈이 상품이다.

윤덕희, 양마도, 종이에 수묵담채, 105.5×67cm, 고려대학교박물관 소장.
화가 윤덕희는 연옹(蓮翁)이라는 호를 썼다. 말 그림으로 이름이 높았던
윤두서(尹斗緖, 1668~1715)의 아들이다. 말을 묘사하는 데는 선의 굵기가
거의 일정한 철선(鐵線)으로 주된 윤곽선과 핵심적인 근육 부분을 그리고,
그 선 부근에는 약간의 음영을 표시하는 백묘법(白描法)을 썼다.
간결한 백묘법으로 그린 말과 인물과는 달리 뒤쪽 배경이 되고 있는 바위와
소나무는 먹의 농담, 소나무의 껍질 무늬, 솔잎은 매우 정교하게 그렸다.
바위와 소나무의 조화는 소나무의 강인한 생명력을 상징하며
척박한 환경 속에서 살아가는 소나무가 굽고 휘어지는,
그러면서도 한사코 하늘로 치솟으려는 소나무의 생태를 잘 보여준다.

고려시대에는 소나무가 배나무·매화·대나무·살구·앵두나무와 함께 가장 사랑받았다. 조선시대에는 버드나무와 함께 소나무가 가장 선호된 조경수였다.

이처럼 예로부터 조경수로 애용되어온 소나무가 일제 강점기를 겪으면서 정원수로서의 위치를 상실했다. 일제의 민족 문화 말살 정책과도 밀접한 관련이 있었다.

그 뒤에도 정치 불안과 경제의 궁핍이 소나무의 역사성과 조형성에 대한 살핌을 허락지 않았다. 기껏해야 일본산 향나무와 일본 수종들을 주축으로 삼아 독립기념관이나 이순신 장군을 기리는 전국 곳곳의 사당 경내를 뒤덮는 치욕을 자초하기도 했다. 청산되지 않은 식민지 시대의 능욕과 부끄러움이 일본산 정원수를 심고 가꾸는 데 다시 바쳐진 것이다.

서울올림픽공원을 만드는 과정에서 소나무가 민족의 조경수로서 다시 제자리를 찾게 되었다. 올림픽공원 설계도엔 주로 일본산 수종들로 꾸며져 있었다. 우여곡절 끝에 이 설계도는 수정을 거치는데, 수정안에 자문을 해준 독일 조경학자들이 강원도 일대의 소나무를 추천했다. 수백 년 만에 소나무가 한국의 주인 자리를 되찾은 셈이지만, 그 과정은 참으로 부끄럽고 통탄스럽다.

1988년 서울올림픽을 준비하면서 한국 사회는 다양하고 깊고 폭넓은 경험을 했다. 그 가운데 올림픽공원 설계에는 올림픽 주최국이니 한국의 정체성을 드러내되, 민족주의적이거나 국수적인 것이 아니라 세계인들이 자연스럽게 공감할 수 있는 것을 담아야

서울 올림픽공원 소나무 조경.
1988 서울올림픽을 기념하면서 지어진 올림픽공원에는
한국인의 정서를 잘 드러내주는 소나무로 꾸며졌다.

했다. 그런데도 일본 조경산업체들이 개발한 수목들이 조경수 대부분이었다는 것은 그 당시 한국의 도시공학이나 도시 조경 수준이 열악했다는 것을 말해준다.

특히 산업화와 도시화를 동시에 진행시켜온 과정은 경제적, 기술적 효용성을 지나치게 앞세웠다. 나머지 자연 환경이나 지역적 특성, 문화유산은 거의 고려되지 않은 채 훼손되거나 무시되었다. 자연 원리의 세계관이나 평화와 아름다움이 삶의 궁극적 가치여야 한다는 데는 아직 도달하지 못한, 노동집약적이고 빠른 시간 안에 완공시키는 것을 가장 큰 장점으로 여긴 토목국가적 군사문화가 인기를 모았다. 시간과 인간의 역사를 도시 문화와 예술로 담아내기 위한 준비는 아직 덜 된 채, 올림픽공원이라는 세계적 관심을 끌 수 있는 작업을 시작한 것이었다.

공원에 심을 나무 종류들이 맨 먼저 논란의 대상이 되었고, 문제는 복잡하고 심각하게 확산되었다. 올림픽은 대한민국 서울에서 개최하는데 왜 일본 나무를 가져와서 심어야 하는지, 한국에는 외국인들에게 보여줄 만한 나무 종류가 없다는 것이냐 등등의 논란이 일었다. 결국 설계 변경이 필요했고, 변경된 내용을 완성시키려면 조경에 관한 세계적 전문가의 도움을 받아야 했다. 독일의 조경학자들이 추천되었다. 그들은 한국에 와서 한국의 산을 보고 싶어했다. 어떤 종류의 나무들이 산에 있는지를 알고 싶어한 것이다. 헬기를 타고 전국의 산을 살폈다. 동해안을 타고 오르내리면서 강원도와 경상북도 지방의 산림을 면밀하게 살폈다. 그들은 몸이 붉고 키가 크며 푸른 잎을 지닌 금강송을 발견하고는 감탄을 거듭했다. 가장 인상적인 수목이자 한국적인 특징을 많이 지닌 나무라고 지목했다.

한국의 소나무에 깃들어 있는 여러 가지 특징은 세계인들의 미의식을 일깨워주기에도 자연스럽다는 평가를 내린 것이다. 소나무는 자연이기 때문에 자연 감성을 지닌 사람이라면 국적이나 문화적 차이는 아무 장애가 되지 못한다는 것이었다. 그런데 왜 한국의 조경학자들이나 조경사업가들은 그런 줄 몰랐을까?

여러 가지 원인이 있었지만 가장 큰 것은 닫힌 의식 때문이었다. 군사 정권의 오랜 강압 통치 영향으로 생겨난 비자발적 소극성이 살아남는 데 유리하다는 생존 본능이 열린 사고를 억제해왔기 때문이다. 소나무 따위가 뭘 어쩌겠느냐는 짙은 체념이 사고의 정체성이나 문화의 자연성을 생활 주변에 받아들이지 않았기 때문이다. 또한 민주화 운동과 이념의 과잉이 정치와 정치권력을 생활의 주요 쟁점화 하고 있어서 고요하고 깊은 감성의 울림이나 열린 사고를 가능하게 하는 세계의 문화에 대한 적극적인 관심이 부족했던 것이다. 국토 계획이 국토의 미래지향적이니 큰 골격을 만드는 것이라면, 문화와 조경은 국토에 정체성과 생명을 불어넣는 예술의 한 부분이다.

다원화되어가는 사회가 다양한 갈등을 겪는 것은 당연한 것이고, 그 갈등의 자연스런 해결은 열린 사고에서 생겨나는 것이며, 그 같은 일련의 변화들은 인간답게 살 수 있는 사회를 만드는 데

금강산 신계사 앞 금강송 군락.
"더우면 꽃 피고 추우면 잎 지거늘
솔아 너는 어찌 눈서리를 모르는가
구천九泉의 뿌리 곧은 줄을 그로 하여 아노라"

기여해야 한다는 믿음을 키울 수 있어야 한다. 그렇지 않고 근시안적으로 정치적, 경제적 논리와 효율만을 지향하여 마구 파헤치고 콘크리트로 덮고 가려버리는 데 오래토록 익숙해져온 나머지, 올림픽공원에 가장 잘 어울리는 조경수로 강원도 해안 지역의 소나무를 상상할 수 없었던 것이다.

소나무가 졸렬한 수준의 국수주의를 자극하는 것이라거나, 설익은 민족주의를 강변하기 위한 대용물이라는 낡은 이념적 선전 도구로 삼으려는 것이 아니다. 오히려 소나무가 지녀온 정신적 가치와 한국인의 삶 안에 녹아 있는 유장한 시간 동안의 친밀감과 신앙적 의지와 정서적 행복감이 국수주의의 폐쇄성과 민족주의적 위험성으로부터 한국인을 구원해준 자연의 섭리였고 선물이었다.

이렇듯 참으로 우연한 기회를 통하여 소나무의 참 가치를 재발견하게 된 우리는 올림픽 게임 뒤부터 소나무를 현실 생활 속으로 받아들이게 되었다. 지난 수 천 년 동안 주로 땔감과 목재로만 쓸 줄 알았던 소나무의 미학을 다시 발견하면서 소나무는 일종의 민족 미술 또는 행위 예술의 차원으로 평가되기 시작했다.

이른바 세계화라는 정치적 관심이 커지면서, 무역과 국제 경제적 힘이 점점 빠르고 강하게 밀려들게 되자, 다양한 외국 문물에 대한 관심과 영향도 따라 확대되었다. 식물 종류의 수입과 교배 생산이 다양화되고, 건축 자재의 수입과 건축 기술의 다양화와 함께 소나무를 이용한 건축과 조경 기술도 점차 다양해졌다. 놀라운 것은, 한두 그루의 소나무 조경이 지닌 가치와 격조가 현대 도시 문명 속에서 점점 그 위력이 커진다는 점이었다.

아름다운 도시의 가치, 글로벌 시대의 도시 경쟁력을 가늠하는 잣대이자 사람들의 흐름을 유인하는 중요한 요인의 하나로서 조경의 중요성이 강조된다. 이때 소나무는 매우 강력하고 매력적이면서 한국 문화의 정체성까지 곁들이는 포괄적 이미지를 지닌 고급 조경수로 자리 잡기 시작했다. 정부의 청사, 도시의 랜드마크가 되는 빌딩들, 고속도로 인터체인지와 가로수, 골프장, 아름다운 개인 주택들, 공원 등에 소나무는 핵심적인 조경수로 평가받고 있다.

좋은 본보기로 서울 을지로에 있는 SK텔레콤 사옥과 소나무 조경의 경우를 들 수 있겠다. SK텔레콤은 현대 사회의 신경조직 중추라 할 수 있는 첨단 전자문명의 진화에 관련된 큰 기업이다. 이 빌딩의 소재는 강철을 골격으로 하고, 건축재의 과학적 최첨단 성과물들의 복합체로 건물의 안팎을 완성시키고 있다. 웅장하면서도 미려하며 인간중심도시의 기본전제인 인간의 미적 쾌감을 만족시키는 물리적 도시 환경이 어떤 것인지를 보여주는 경우로 들 수 있겠다.

사람이 살기 좋은 환경이 창조적 사람들을 유인하는 새로운 개념의 도시 조건이라고 강조한 리처드 플로리다Richard Florida의 이론이 지향하는 것도 도시의 설계에서 조경이 차지해야 하는 미적 환경의 완성이라 할 수 있을 것이다.

미적 환경을 구성하는 내용들은 매우 다양할 수 있는데, 사람이 행복감을 느낄 수 있도록 해주는 것이 가장 중요하다. 이때 행복감은 마음의 평정과 육신의 쾌적감에서 비롯될 것인데, 소나무가 지니고 있는 한국인의 유장한 역사와 정서는 단연 다른 나무들이나 꽃, 그리고 조각 작품들보다 호소력이 크고, 깊고, 지속적일 것이다. 전자문명이 지닌 특징은 무서울 정도로 빠른 속도와 인간의 욕망을 읽어내고 충족시켜주는 편리함이다. 거기에 비하여 소나무는 매우 느리고 고요하다. 느림 그 자체이고, 고요함의 생명력을 만들어내는 자연의 힘이다.

빠른 속도와 느림, 편리함의 극치와 자연의 고요는 반대 개념이지만 실체는 한몸이다. 느림과 빠름은 길이의 형상을 뜻하고, 편리하다는 인위적 기술과 고요함의 자연성은 사고와 생존의 깊이와 넓이를 이루는 근본이기 때문이다. 그러한 맥락에서 SK텔레콤 사옥과 소나무 조경은 첨단 과학기술과 오래된 미래와의 아름다운 조화를 보여준다.

지난 반세기에 걸쳐 빠른 속도로 진행되어온 산업화와 도시화를 통하여 모든 국토와 도시환경은 그 본래 모습을 떠올리기 어려울 정도로 변화했고, 그 변화를 현대화라고 부른다. 특히 도시화 과정은 경제적·기술적 효율성을 지나치게 앞세웠다. 그 결과 자연 환경이나 지역마다 지니고 있는 고유한 특성, 곳곳에 흩어져 있는 문화유산은 무참하게 파괴되어 회복이 불가능하게 되었다. 도시 경관과 도시의 정체성에 큰 영향을 미치는 건축물과 도시 기

SK텔레콤 을지로 사옥 앞 소나무.
오늘도 도심 속 높은 빌딩 숲을 지키고 서 있다.

반 시설은 무절제한 형태와 색채로 채워졌다.

이와 같은 난장판에 가까운 도시화와 도시 건축 현상에 대한 성찰의 계기를 가져온 것이 올림픽공원의 설계와 토목공사 및 조경 작업이었다.

88서울올림픽 게임을 기념하는 '올림픽공원'은 몽촌토성夢村土城 일대에 세워졌다. 몽촌토성은 초기 백제시대가 시작된 위례성慰禮城으로 추정되는 곳이다. 이 성을 중심으로 한강 북쪽에 아차산성阿旦山城과 풍납동토성, 서쪽에 삼성동토성, 남쪽에 이성산성二聖山城이 있다. 우리나라 고대사의 한 현장에 올림픽 게임을 기념하는 공원을 만드는 것은 일단 의미 있는 일임이 틀림없었다.

올림픽은 주최국의 전통과 문화, 그리고 미래상을 보여주면서 동시에 인류의 평화 추구정신에 동참하는 기회였다. 더구나 그러한 올림픽 게임을 우리 고대사 현장에서 치른다는 것은 다시 얻기 어려운 기회이기도 했고, 정성을 들여 잘 치러낸다면 큰 보람이 될 터였다. 문제는 '이 지역이 지닌 역사적 의미와 올림픽 정신을 어떻게 조화시킬 것인가'였다. 지금껏 무서운 속도와 기세로 밀어붙여온 콘크리트로 만들어진 흉물이 아니라, 한국의 역사적 특성과 전통이 지닌 온유함, 창조적 열정, 한국의 기후와 생태계의 풍요로움, 한국인의 정서를 잘 드러내 보여주는 식물과 예술, 그리고 올림픽의 세계성을 적절하게 조화시킨 예술작품을 창안해야 했다.

여러 차례 논의를 거쳐 결정된 것이 소나무를 주축으로 한 조경이었다. 소나무가 지니고 있는 민족적 가치는 배제하더라도 몸의 붉은색과 잎의 푸른색, 고르게 형성된 몸통의 굵기와 하늘로 치솟는 동적 리듬감과 솔가지가 사방으로 퍼지면서 뿜어내는 균형미, 굵은 소나무들의 몸통이 촘촘한 상태로 보여주는 경이로운 역동성, 한 그루씩 독립시켜 놓았을 때도 주변과의 절묘한 조화를 이루면서 봄, 여름, 가을, 겨울을 통하여 어떤 색깔, 어떤 형태와도 어울리는 자연 친화력과 소통력은 빼어났다. 그것이 소나무가 '백목지장'百木之長으로 일컬어지는 까닭이다.

동해의 바닷바람으로 수백 년 동안의 생각을 키워온 태백산맥의 아름드리 소나무들이 헬리콥터에 실려 몽촌토성으로 내려와 세계인들을 환영하고 한국의 유장한 정신을 몸으로 드러내고 올림픽 게임을 치러냈다. 천 년 만의 첫 세속 나들이는 그렇게 이루어졌다.

이때부터 수천 년 동안 깊은 산중에서 하늘과 바람과 별과 비를 지키며 민족의 꿈이 되고, 꿈을 이루고 지켜주었으며, 한국인의 생로병사와 함께 해왔던 소나무들이 도시로 옮겨지기 시작했다. 그 이전에 산에 사는 소나무들 대개는 별 볼품도 없어 보이고 그다지 쓸모도 없는 것들이었다. 철근 콘크리트와 강철 재료들, 새로운 화학적 합성 건축재들로만 채워지는 현대 도시 건축물에는 소나무 건축재가 끼어들 틈이 없었다. 기껏해야 외국에서 수입한 목재들이었다.

그렇게 우리나라 소나무는 한국인의 생활 속에서 그 효용성과 기능성을 상실한 채 그저 산비탈에서 굽고 휜 채로 잊혀갔다. 그러다가 88올림픽 게임을 계기로 도시화로 병들어가는 세속도시 한가운데나 새로 만드는 공원, 정부청사들, 잘사는 사람들의 값비싼 주택들, 골프장, 대형 운동경기장 부근 등에 소나무가 불려오게 된 것이다.

우리 곁에서 꿈을 꾸는 소나무

소나무는 주로 많은 사람들이 모여들어 상실한 공동체의 이상과 꿈을 그리워하면서 함성을 올리거나, 상실과 좌절의 슬픔과 공허감으로 흐려져가는 공동체의 추억, 그 어깨 위에 손을 얹고 울고 노래하면서 한을 희망으로 바꾸어보려는 광장으로 옮겨져 왔다. 새로운 방향으로 진로를 바꾸는 나들목에도 소나무가 심겨졌다.

이러한 곳에는 소나무를 한 그루씩 따로 심지 않고 무리를 지어 심었다. 한 그루씩 흩어놓고 보면 많이 흉잡을 데가 있고, 못생기고 시시해 보였다. 이런 소나무들은 솔씨가 움이 터서 자연적으로 자란 것이며, 한 번도 인간의 손길로 다듬어지지 않았기 때문에 척박한 토양에서 다른 잡목들과 섞여 자란 탓으로 볼품없이 굽어지고 휘어진 채 머리가 하늘 향하여 자라온 것들이었기 때문이다. 못생긴 것들끼리 몸을 비비고 의지한 채 숲을 이루어서 햇볕으로 솔잎의 푸른 기운을 새겨 넣고 바람과 눈보라와 폭풍우로 양식을 삼아 살아서 그냥 소나무 숲이었다. 한 번도 따로 떨어져 살게 되리라는 생각을 해본 적이 없었다. 그런 소나무 숲의 소나무들이 어느 날 갑자기 뿌리째 뽑혀서 인간들의 세속으로 실려 오게된 것이다.

참으로 다행스러운 것은 못생기고 못난 소나무일수록 무리를 지어주어야만 그 못난 것이 오히려 큰 장점이 된다는 소나무 예찬론자들의 생각이 현실에서 설득력을 잃지 않게 된 것이다. 하나하나로는 지독하게 못난 것이지만, 못난 것들을 무리지어 세워두면 그 어떤 잘난 나무도 따라올 수 없는 경이로운 아름다움을 만들어낸다는 것이다. 아, 이 못난 것들의 기막힌 아름다움이라니.

한두 그루씩이라면 보잘것없어 보일 테지만 무리를 지어주면 모두가 꼭 필요한 것이 된다. 이런 변화를 보면서 공동체 정신을 상실해가는 한국인에게 지금 가장 필요한 것은 잘나고 똑똑하고 강한 자들의 이기주의와 이를 본받으려고 발악하는 현대인의 무모한 경쟁이 아니라 모두에게 모두가 필요한 존재임을 깨닫는 것인 줄 알게 한다. 아무리 잘나고, 똑똑하고, 강한 자일지라도 그들 혼자서는 잘난 것도, 똑똑한 것도, 강한 것도 아니고 다만 착각하고 있는 것일 따름임을 알게 해주는 것이 저 못난 소나무들인 것이다.

소나무 중에는 홀로 있어도 멋과 품격 그리고 소나무로서의 신비스런 고고함까지 다 곁들인 귀인도 있다. 어느 부분 한 군데 굽은 데도 없고 흠될 만한 생채기나 잔가지 하나 예사로 거느리지

경북 울진 월송리의 금강송 군락.
"금강송으로 일컬어지는 몸통이 붉으며 가지의 솔잎이 짙푸른 귀인들은 주로
강원도 해안지역에서 경북 북부 해안지역에 밀집해 있다."

서울 상암동 월드컵경기장의 소나무.
"도시화의 구체적 실현 방법이라 할 수 있는 도시 건축 과정에서
소나무 조경은 여러 가지 의미 있는 논의를 만들어내었다.
전혀 예상하지 못한 일이었다."

않은 채 하늘 향하여 우람하고 꼿꼿이 선 조선의 참 선비 풍모를 지닌 소나무도 있다. 태백산맥 준령에서 소백산맥으로 내닫는 백두대간 중에서 강원도 양양·정선·삼척, 경상북도 울진·봉화·영덕으로 뻗어내린 동해안 해풍을 맞는 이른바 '금강송' 군락들이 그러하다. 이러한 금강송으로 일컬어지는 몸통이 붉으며 가지의 솔잎이 짙푸른 귀인들은 주로 강원도 해안지역에서 경북 북부 해안지역에 밀집해 있다. 2002년 월드컵 축구 경기를 한국에서 열었을 때 개회식을 가졌던 서울 상암동 월드컵경기장 주변 소나무들 역시 그곳에서 왔다.

도시화의 구체적 실현 방법이라 할 수 있는 도시 건축 과정에서 소나무 조경은 여러 가지 의미 있는 논의를 만들어내었다. 전혀 예상하지 못한 일이었다.

강렬한 상징성, 장식성, 조형성까지 두루 갖춘 소나무의 등장은 양적 팽창과 속도감의 가중으로 생명성이 약화되어가던 한국 조경예술 분야를 한 차원 드높일 수 있는 가능성을 던져주었다.

특히 높이가 강조되는 건축물들의 조밀하고 광범위한 등장과 건축 소재의 무게 경량화와 견고성에 색채와 무늬의 다양성까지 더해지면서 건축물 외부공간에 설치하는 전통적 조경 방법에 커다란 변화가 생겼다. 수목으로 조경하는 방법이 점점 어려워진 것이다. 웬만한 나무로는 빌딩의 높이와 색채의 특성과 조화를 이루기가 힘들어진 것이다.

이때 키가 크면서 붉은 몸은 견고하며 잎이 푸른 소나무의 공간

장식성이 빌딩의 차갑고 예리한 직선이 지닌 단점과 거부감을 부드럽게 완화시키면서 감성적 소통을 가능하게 할 수 있다는 것을 보여준 것이다.

옛 서울시청 부근 콘크리트 빌딩 숲 사이의 도로가에 서 있는 키가 크고 몸빛이 붉은 소나무들은 빌딩 옆구리나 앞쪽에 흉물스럽게 처리된 영어로 된 광고판과 간판들의 무모한 부르짖음을 듣고 있다. 소나무들은 편치 않은 표정으로 쭈뼛쭈뼛 서 있다. 도대체 저런 모습으로 얼마나 견딜 수 있을지 걱정도 되고, 괜한 짓해서 잘 살고 있던 소나무들에게 몹쓸 짓 시켰다는 때늦은 후회도 생긴다. 어느 산 어느 등성이에서 살다 왔는지 모르지만 어차피 서울 한복판까지 내려오신 걸음이고 하니 마음 잘 다스려 지내시라고 위로의 말을 건네고도 싶어진다. 그러자 소나무들이 대답한다.

말이 나와버렸으니까 몇 마디 전하겠네. 날 알아보는 사람이 아직 몇몇은 살아 있구나 싶어서 참 고맙네. 아무리 막 나가고 있는 서울의 생지옥 같은 한복판일지언정 내가 못살 것도 없지 않네. 이 땅에 소나무로 생겨나 살아온 지 어언 수 만년토록 그 모진 풍파 온몸으로 고스란히 받아내면서 겪어낸 몸 아니던가. 하늘의 변괴, 땅의 이변, 인간의 지옥 불 닮은 욕심의 고난을 함께 겪으면서 살아낸 세월 아니던가 말일세. 내 걱정일랑 마시게.

정녕 내 걱정되는 것은 서울이라는 이 기이한 도시와 한사코 서

경남 의령 성황리 소나무, 천연기념물 제359호.
"이 땅에 소나무로 생겨나 살아온 지 어언 수 만년토록 그 모진 풍파 온몸으로
고스란히 받아내면서 겪어낸 몸 아니던가."

경북 경주 흥덕왕릉 소나무 숲.
"굳센 줄기와 무수한 곡선으로 겹쳐지고 이어진 가지,
작고 굳센 잎들이 절묘한 조화를 만들어
풀과 꽃과 나무들의 모든 형상을 압축적으로 보여준다.
비바람과 눈서리를 이기면서 언제나 푸른 빛깔로
자연의 질서에 순응하는 모습에서
곧은 절개와 굳은 의지의 상징을 배운다."

울을 닮으려는 수많은 도시들이 내지르는 저 절규와 비명, 내일을 기약할 수 없는 불임의 저주를 받고서도 참회하지 않는 저 어리석고 무지한 도시문화라는 재앙의 번들거리는 모습이 불러들이고 있는 어둠과 질병과 광란이라네. 오죽했으면 철근 콘크리트 범벅 뒤집어쓰고, 무쇠 강철 덩어리들에 짓눌리면서 탄식하고 있는 서울이 하찮고도 지지리 못난 이 소나무한테 찾아왔겠는가. 자존심 상하고 분통 터져서 몇 날 몇 밤을 망설였겠지. 날보고 서울로 내려가서 함께 살 수 없겠느냐고 말하기까지의 그 속내를 왜 내가 모르겠는가. 나보다는 저쪽이 더 다급하고 안됐구나 싶더라고.

아무리 다급해도 서울 저것이 산비탈에 간신히 서서 사는 내 곁으로 올 수야 없지 않겠는가. 서울이란 놈은 덩치가 너무 크고, 거느린 식솔은 또 얼마인가. 그 절망적으로 많은 식솔들이 먹고, 마시고, 쏟아내는 쓰레기는 또 얼마인가. 자동차들, 에너지 등등, 저 괴물이 움직이는 데 들어가는 돈과 인력들 다 어찌하고 내 곁에 와서 호젓하게 살 수 있겠는가 말일세. 순간 불쌍하다 싶더군. 서울이라는 것이 남을 행복하게 해주지도 못하고 제 스스로를 위로할 줄도 모르는 존재이더군.

그게 다 과욕이 불러들인 불행인 게지. 처음 도회지가 생겨나게 되었던 바탕을 생각해보면 오늘날의 저 도회지라는 물건은 배은, 망덕, 패륜과 끝이 나쁘게 짐작되는 인간 욕망의 업보 덩어리인 셈이지. 뭐 거창하게 논리 어쩌고 할 것도 없지. 수천 년 동안 나라를 만들고 지탱해왔던 힘이 어디에 있었던가. 그게 다 농촌이고 농민들 아니었나. 도회지가 생겨나게 된 까닭이 정치권력이 집중된 왕이 거처하고 정부가 있었던 곳에다 경제와 돈을 집중시키고, 문화와 군사지배력을 한곳에다 모아서 권력을, 힘을 더욱 세게 만들기 위해서였지 않은가.

그러니 변방에 살던 자들 중에서 권력의지가 유달리 강하고, 이런저런 재능과 욕망을 키우기 위해 더 넓은 세상으로 나아가고 싶어하던 이들이 모여든 곳이었지. 처음부터 농촌의 양식과 세금과 노동력으로 도회지를 만들고 지탱했으며, 농촌에 살던 인재들과 노동자들을 빨아들여서 인구를 늘리고, 새로운 모습으로 집을 짓고 도로를 넓히면서 새롭게 필요해진 문화와 예술을 만들고 담론을 생산하게 된 것 아닌가. 점점 재미가 생겼지. 그러자 농촌의 모든 것이 도회지로 빨려들었고, 농촌은 서서히 쇠약해져갔지. 그러다가 오늘날의 저 농촌이 된 거야. 농촌이라는 어머니한테서 태어나 어머니의 젖을 먹고 자랐으며, 양식과 일손들은 그곳에서 공급받았으며, 피곤하여 지치고 삶이 팍팍해지면 잠시 어머니 품안으로 돌아가서 치유 받고 회복하지. 다시 도회지로 복귀하여 더 거칠고 줄기차게 어머니 농촌의 에너지와 역사와 전통에다 제도라는 빨대를 깊숙하게 꽂고는 밤낮 없이 빨아 먹으면서 오늘날의 이 괴기스럽고 흉물스런 도회지로 비대해진 것이지. 도시는 고혈압과 당뇨병을 치유불능 상태로 앓게 되었고, 물은 병들고 썩어가며, 공기는 독극물에 혼효되어 위험해지고, 햇볕과 별빛도 제대로 보기 힘들게 되고 있어. 그런데도 계속 먹고, 마시고, 토해내고 내

질러대면서 비만이 유일한 존재 이유인 것처럼 되어가고 있단 말이야.

저것이 자신의 운명을 눈치채기 시작한 지는 제법 오래되었지만, 설마 설마 하면서 몸집 키우는 짓을 그만두지 못했어. 위험이 현실로 나타났을 때는 이미 늦었지. 이게 뭔가. 도시 저만의 불행이 아니지 않은가. 우리나라를 만들어가는 모든 원천 가운데서 절반에 가까운 인구, 경제력, 권력이 서울에 집중되고 보니, 그 폐해는 빠르게 농촌으로 퍼지고 있어. 이것이 어찌 불효와 배은망덕, 패륜이 아닌가. 그 나쁜 삶의 방법을 정당하다느니 어쩔 수 없다느니 하면서 망발을 두려워하지 않는 저 도시 문명의 입을 닥치게 할 수 있는 자가 누구인가.

나 같은 소나무가 무슨 소용이 있겠는가마는, 저것이 나한테 길을 묻게 되는 이 기막힌 일이 생겨나고 말았으니 난들 어찌 모른다고 돌아 앉아 버리겠는가. 몸뚱이가 가볍고 딸린 식솔도 없으며, 먹을 양식이며 타고 다닐 자동차, 무슨 직장이며 직위, 전기와 수도, 가스와 기름, 곡물이며 채소류, 육류며 학교도 전혀 필요 없는 내가 내려와서 저것을 치유시킬 수 있을지를 생각해봐야 옳다고 여겼다. 그게 순리겠지. 오만생각 끝에 와주기로 했으니까 다른 군소리 않고 내 힘껏 도와주지. 돌아보면 인간들이 나를 믿고 의지하며 살아온 지가 얼마인가. 그동안 나는 단 한 번 인간의 소망이나 의지를 밀쳐내본 적 없었어.

서울 저것이 그래도 한국 사람의 오랜 믿음을 보고 배운지라 나

경북 울진 소광리 소나무 군락지.
우리나라에서 가장 아름다운 금강송들이 모여 있는 곳이라 해도
과언이 아니다. 조선 숙종 때부터 관리되기 시작한 이 지역은 여의도보다
8배나 큰 1,800헥타르의 면적에 수령 200년이 넘은 8만 그루의
금강송이 기운차게 하늘로 솟아올라 위용을 자랑하고 있다.

위 | 소나무와 달.
아래 | 옛 서울시청 부근의 소나무.

한테 통사정하며 제발 내려와서 저 기댈 언덕 되어 달라는데 어찌 매정하게 외면하겠어. 참말이지 세상 만물 어느 것이든 제 혼자 잘났다고 거들먹거리는 것이 어리석은 것이야. 제 혼자서 어찌 잘 날 수 있겠는가. 제 혼자서는 애초에 태어날 수도 없는 것인데 무슨 천치 같은 착각이람. 애오라지 모든 것은, 모든 것과 관계 있고, 그 관계는 평등한 것이 아니던가. 서울이 제발 만물의 관계론을 깨달아주었으면 좋겠는데……. 내가 별소리 다 지껄였지. 중병 앓는 사람이 온갖 좋다는 치료 다하고서도 효험을 못 보고 죽어가는 판에 마지막으로 쑥뜸을 뜨면서 회생을 바라는 심정같이, 소나무를 심어서 삶의 희망을 보려는 저 처절한 심정을 이해하기 때문이야.

소나무는 아무런 대가도 바라지 않고, 그저 인간이 꼭 필요하다고 여겨서 앉혀둔 자리에서 할 수 있는 모든 것을 다하며 푸른 것이다. 참으로 우리가 오래전부터 잃어가고 있는 어머니를 향한 존경과 사랑의 마음을 소나무가 대신하여 우리에게 전해주고 있다.

저 들에 푸른 솔잎을 보라

저 들에 푸른 솔잎을 보라
돌보는 사람도 하나 없는데
비바람 맞고 눈보라 쳐도

금강산 눈 덮인 소나무.

온 누리 끝까지 맘껏 푸르다

서럽고 쓰리던 지난날들도
다시는 다시는 오지 말라고
땀 흘리리라 깨우치리라
거치른 들판의 솔잎 되리라

우리들 가진 것 비록 적어도
손에 손 맞잡고 눈물 흘리니
우리 나아갈 길 멀고 험해도
깨치고 나아가 끝내 이기리라

역사성이나 시대정신을 감성적으로 해석하여 한국 사회가 민주
주의 열망으로 고뇌하면서 아파하고 집단으로 절규하며 희망을
이루려 함께 몸부림칠 때, 가수 양희은이 불렀던 「상록수」 노랫말
이다. 소나무를 주제로 삼은 우리나라 대중가요 가운데서 가장 많
은 이들이 불러온 노래다. 시대의 고뇌와 분노, 격정의 함성과 좌
절의 광야에서 젊은 시대를 불렀던 참으로 눈물 나는 시간들의 형
상이자 다시 생각해도 전혀 부끄럽지 않은 청춘의 몸짓이었다. 그
것은 노래를 끌고 가는 힘이 소나무였기 때문인지도 모른다.
   그때의 아픈 청춘들, 상처 위로 흘러내리던 피와 눈물과 사랑의
묵시록 같은 구호들, 더러는 감옥으로 가고, 더러는 평생토록 치

금강산 신계사 앞 봉우리.
"서럽고 쓰리던 지난날들도
다시는 다시는 오지 말라고
땀 흘리리라 깨우치리라
거치른 들판의 솔잎 되리라"

경북 경주 배리 삼릉 소나무 숲.

유되지 않는 불구의 고통을 안고 절룩거리고, 또 더러는 죽음으로 몸을 바꾸어 푸른 솔숲으로 일찍 돌아가 무덤 속에 눕거나 재로 뿌려지기도 했다. 그립고도 사무친 청춘의 역사들이여 부디 소나무를 잊지 마시라.

대학의 현실 참여가 새로운 시대정신의 실현 가치로 평가되어 1980년대 한 시대가 온통 전투경찰과 대학생 시위대 사이에서 아침과 저녁을 숨 가쁘게 몰아갔던 때의 운동권 노래이기도 했다. 젊기 때문에, 기회주의적 꼼수로 보장된 미래의 배부르고 편안한 기회들을 거부하고, 때로는 이념의 불잉걸로 타오르기도 했고, 조금은 설익은 사회주의적 깃발에 묻어나던 야릇한 피 냄새와 선동적 일탈로 도망자가 되어 우리나라 은밀한 산하를 숨어 다닐 때 더러 씹었던 솔잎의 그 눈물 나던 맛을 경험한 이들의 영혼은 영원토록 솔향기 이름의 시를 헌정받은 것이리라.

「상록수」는 노동자들의 애끓는 심정을 대변하기도 하고, 농민들의 오랜 가난과 눈물 그리고 생존을 호소하는 시위행렬 속에서도 불렸다. 특히 대학의 농촌봉사활동이 끝나는 날 저녁, 시골의 회관 마당에 모닥불을 피워놓고 농민들과 어깨동무한 채 목메어 불렀던 상록수는 산업화 과정에서 소멸되어가는 농촌의 서정과 문화유산에 대한 애절한 절규처럼 들렸다.

「상록수」는 바위나 암벽 벼랑 위에서 온갖 고난을 고스란히 겪으며 굽고 휜 채 살아가는 소나무 모습에서, 생존의 슬픔을 넘어 응어리진 우리네 시퍼렇게 멍들고 일그러진 삶의 궤적을 발견하면서, 아픔을 함께 나누고 서로의 상처를 쓰다듬어온 혈육 같은 정을 감지해낸 이들의 뿌리 깊은 슬픔의 발등에 길러 붓는 위안의 샘물이기도 했다.

거센 바람이 불어와서 어머니의 눈물이
가슴속에 사무쳐 우는 갈라진 이 세상에
민중의 넋이 주인 되는 참 세상 자유 위하여
시퍼렇게 쑥물 들어도 강물 저어 가리라
솔아 솔아 푸르른 솔아 샛바람에 떨지 마라
창살 아래 내가 묶인 곳 살아서 만나리라

안치환이 부른 「솔아 솔아 푸르른 솔아」다. 여기서는 솔을 아예 민중으로 상징하고 있다. 섣부른 상징이 아니라 매우 폭넓고 깊은 사유 끝에 얻어진 시대적 깨달음으로 보인다. 남북 분단과 통일을 갈구하는 이들의 의연하고 결의에 찬 심사를 소나무 정신에 투영하고 있는 것도 그렇지만, 한국인으로서 지켜내고 간직해야 할 고귀한 가치들마저 내던져 버리고 외세에 투항하거나 맹종하는 문화현상을 꾸짖는 대목은 옷깃을 여미게 한다.

일송정 푸른 솔은 늙어 늙어 갔어도
한 줄기 해란강은 천년 두고 흐른다
지난날 강가에서 말 달리던 선구자

지금은 어느 곳에 거친 꿈이 깊었나.

조두남이 곡을 쓴 「선구자」다. 선구자는 사상이나 한 일이 그 시대의 다른 사람보다 앞선 사람을 일컫는 말이다. 우리나라 역사에도 그런 선구자가 많았다. 나라의 지리적 조건이 서북쪽으로는 중국 대륙문명의 영향을 크게 받을 수밖에 없는 위치였고, 북쪽으로는 러시아의 차르 정권과 볼셰비키 혁명 영향의 강한 후폭풍을 받기에 적당한 위치였던 관계로 거의 편한 날 없이 시달려온 우리 민족이었다.

우리나라는 중국의 정치와 문화의 큰 영향력을 직접적으로 받기 시작한 5세기부터 청나라와 일본의 전쟁인 '청일전쟁'에서 청나라가 패배했던 1895년까지 무려 1,700여 년 동안 중국의 '정치 문화의 유산' 아래서 살아온 셈이다. 그 유산의 실체는 유교와 한문이었다. 그러는 동안 우리는 정말로 우리가 누구이며, 무엇을 지향하며 살아야 하는지에 대한 진지한 고뇌를 하지 못했다. 눈 떠도 중국, 눈 감아도 중국이라고 믿어버렸기 때문이다.

그런 중화문명권 안에서의 온존을 불안한 눈으로 바라보면서 더 늦기 전에 '해방'을 이루어내야 한다는 자각과 함께 '선구자'의 길을 걷기 시작한 이들이 있었다. 중국불교의 변질 앞에서 '민중불교'를 외쳤던 원효대사, 말은 있었지만 그 말을 글자로 표기할 수 있는 문자가 없어 중국 한자를 수입하여 나라 글자로 쓰게된 뒤에 내 나라의 역사와 정서의 한 조각이라도 살려두기 위해

강원도 강릉, 소나무와 한옥.
굽은 소나무는 자연스러운 곡선을
연출하여 한옥 건축물의 아름다움이 되었다.

소나무 뿌리.
고도성장, 민주화 시대의 젊은이들은 소나무 뿌리처럼
강하고 질긴 열정이 있었다.

애썼던 '이두문' 창시자 설총이 있다. 중국이 신라를 당나라 식민지로 삼으려고 획책할 때 신라를 지켜내기 위해 혼신을 기울였던 자장율사, 옷이 없어 추위를 막지 못해 겨울철만 되면 얼어 죽는 자가 태어나는 아이만큼이나 많았던 시절 목화씨를 몰래 들여와 종자를 퍼뜨려 겨레의 목숨을 구원해준 민족의 큰 은혜자인 문익점이 있다. 세종대왕은 한문과 한자의 고착화 속에서 한문을 배울 수 없는 절대 다수자 민중이 자신의 뜻을 글자로 적어 알릴 수 있게끔 하늘 같은 은혜를 베풀었다.

마침내 우리는 1,800여 년 동안 중화문명의 식민지처럼 살다가 간신히 벗어났으나 곧바로 일본의 식민지로 떨어졌다. 일본의 식민통치를 벗어나기만 하면 2천여 년 만에 처음으로 홀로서기를 할 수 있을 터였다. 그 기나긴 동안의 억압과 반쪽의 생존을 극복할 수 있는 하늘이 내신 기회였다. 그것이 일본 제국주의 식민통치를 부정하는 민족해방, 민족독립운동이었다. 「선구자」는 빼앗긴 조국을 되찾고자 비바람 눈서리 맞으며 만주 벌판을 헤매던 가슴 뜨거운 이들의 체온과 숨소리가 느껴지는 노래다.

솔이 왜 푸른지, 그 솔을 왜 그토록 마음 밭에 심고 가꾸어 늘 푸른 삶이길 기원했는지, 오늘을 털어서 다만 오늘을 만족시키면 그만인 자의 경박함과 천박함으론 도무지 알 수 없는, 신비이기도 한 것이 소나무의 미학이다. 소나무에 투영된 한국인의 꿈이다. 영원한 소망이다. 변치 않는 사랑이다. 솔은 우리에게 묻는다. 우리는 우리의 것에 대해 너무나 소홀하고 아는 것이 적은 나머지

솔방울.
소나무에 투영된 한국인의 꿈은
영원한 소망, 변치 않는 사랑이다.

외세가 우리의 주인이 되고 있는 줄도 모르고 있지 않느냐고.

이제 새로이 빼앗긴 나라를 되찾기 위한 문화운동이 필요하게 되었다. 국토를 외세 정권에 강탈당한 것이 아니라 외세 문화에 속절없이 점령당하고 있는 지금의 일이다.

다시 소나무를 바라보자. 소나무가 우리에게 전하는 말을 귀담아 듣자. 솔이면 다 솔이 아니다. 한국의 솔은 오직 한국에만 있다. 한국의 솔이라 하여 다른 나라 솔을 업신여기거나 부정하는 것이 아니다. 그것은 소나무를 모두 부정하는 어리석음이다. 한국의 솔이 그저 한국의 솔답게 여겨지면 다른 나라 솔도 그 나라 솔다운 것이 되고, 그것이 공존하는 문화다. 내 것을 제대로 알지 못하면 마침내 남의 것은 영영 알지 못하게 된다. 안다고 하는 것은 단지 작고 하찮은 이익 때문일 터인데, 그 이익이 얼마나 오래갈 것인가. 이익이 없어지면 그 나라를 부정할 테고, 부정한다고 그 나라가 없어질 것인가.

문화는 나의 모습을 정확하게 안 바탕 위에 다른 것을 이해함으로써 존재의 영역을 넓히고, 깊게 하여 마침내 모든 것과의 관계를 반듯하게 세워 삶을 행복하게 하는 것이다. 소나무는 바로 그렇게 사는 것의 영원한 교사다.

참고문헌

국어국문학회 편, 『시조문학연구』, 정음문화사, 1983.

김연옥, 『한국의 기후와 문화』, 이화여대출판부, 1985.

김차섭 외, 『소나무여 소나무여』, 환기미술관, 1997.

김태곤, 「성주신의 본향」, 『사학연구21』, 영남대출판부, 1969.

김택규, 『한국 농경 세시의 연구』, 영남대출판부, 1977.

다산연구회 역주, 『역주 목민심서 5』, 창작과비평사, 1985.

박종채 지음, 박희병 옮김, 『나의 아버지 박지원』, 돌베개, 1998.

성현 지음, 성낙훈 옮김, 『용재총화』, 동화출판공사, 1972.

윤호진, 『한시와 사계의 화목(花木)』, 교학사, 1997.

이동주, 『우리 옛그림의 아름다움』, 시공사, 1996.

이영노, 『한국의 송백류』, 이화여대출판부, 1986.

일연 외, 『한국의 민속 · 종교 · 사상』, 삼성출판사, 1981.

전영우 편, 『소나무와 우리 문화』, 숲과문화연구회, 1993.

정민, 『한시 미학의 산책』, 솔, 1996.

정병욱, 『한국고전시가론』, 신구문화사, 1977.

정병욱, 『한국 고전 시가 작품론: 정병욱 선생 10주기 추모논문집 1, 2』, 집
　　　문당, 1992.

조재삼 지음, 강민구 옮김, 『교감국역 송남잡지』, 한국학술진흥재단, 2008.

최순우, 『한국미술 1: 고대 · 고려』, 도산문화사, 1993.

최순우, 『한국미술 2~3: 조선』, 도산문화사, 1993.

허균, 『전통미술의 소재와 상징』, 교보문고, 1991.

황호근, 『한국문양사』, 열화당, 1991.

『시경』(詩經).

『조선회화 1~4』, 지식산업사, 1974.

『한국민족문화대백과사전』(전12권), 정신문화연구원, 1991.

지은이 정동주 鄭棟柱

1949년 경남 진양에서 태어났다.
시집 『농투산이의 노래』를 발표하면서 글을 쓰기 시작해,
장편시 『순례자』로 제8회 '오늘의 작가상'을 받았다.
서사시 『논개』를 비롯해 대하소설 『백정』『민적』『단야』,
장편소설 『콰이강의 다리』 등 40여 권의 시·소설집을 펴냈다.
마당극 「진양살풀이」와 오페라 「조선의 사랑 논개」를
쓰기도 했다. 1990년대 중반 글쓰기 방향을 전환하면서
민족정체성 연구를 시작했고, 『소나무』『느티나무가 있는 풍경』
『어머니의 전설』『부처, 통곡하다』 등 광범위한 연구 성과를
책으로 발표했다. 1990년대 후반부터 오랫동안 해온
차茶 생활을 바탕으로 '한국의 차 문화'라는
새로운 인문학 분야를 개척했다.
이후 『조선 막사발과 이도다완』을 비롯해
『우리시대 찻그릇은 무엇인가』『한국 차살림』『차와 차살림』
『한국인과 차』『다관에 담긴 한중일의 차 문화사』 등 차와
도자기 문화를 비평적으로 탐구해 꾸준히 책으로 출간해왔다.
최근에는 뛰어난 글과 그림, 빈민구제 활동을 활발하게 하여
'여중 군자'로 불린 장계향의 삶과 철학을 담아낸
『장계향 조선의 큰어머니』를 펴냈다.
지금은 '식물 이야기' 집필에 힘쓰고 있다.